AI绘画基础与商业实战

张无忌×潘璐平×小　娌×黄八宝×雪青幻想　　著

北京大学出版社

PEKING UNIVERSITY PRESS

内 容 提 要

本书是一本AI绘画领域的实用指南，旨在帮助新手从零基础逐步掌握AI绘画技巧，实现在AI绘画世界中的快速成长和自我价值的提升。

本书共分为四大部分：第一部分介绍AI绘画的前世今生，AI绘画如何开始，如何成为提示词工程师及指令示范；第二部分介绍AI绘画有趣的应用场景；第三部分介绍AI绘画商业变现实例，高级AI绘画案例，8款Midjourney的平替AI绘画模型；第四部分介绍国内AI大模型的绘画应用。

本书内容通俗易懂，案例丰富，实用性强，特别适合有AI绘画需求的设计师，以及游戏、电商、教育、建筑等行业的从业者阅读，也适合希望深入研究AI绘画应用落地的研究人员、创业者、企业主使用。

图书在版编目(CIP)数据

AI绘画基础与商业实战 / 张无忌等著. — 北京：北京大学出版社，2024.3
ISBN 978-7-301-34916-8

Ⅰ.①A… Ⅱ.①张… ②潘… ③雪… Ⅲ.①图像处理软件 Ⅳ.①TP391.413

中国国家版本馆CIP数据核字（2024）第058451号

书　　　名	AI绘画基础与商业实战
	AI HUIHUA JICHU YU SHANGYE SHIZHAN
著作责任者	张无忌等　著
责 任 编 辑	王继伟　杨　爽
标 准 书 号	ISBN 978-7-301-34916-8
出 版 发 行	北京大学出版社
地　　　址	北京市海淀区成府路205号　100871
网　　　址	http://www.pup.cn　　新浪微博：@北京大学出版社
电 子 邮 箱	编辑部 pup7@pup.cn　　总编室 zpup@pup.cn
电　　　话	邮购部 010-62752015　发行部 010-62750672　编辑部 010-62570390
印 刷 者	北京宏伟双华印刷有限公司
经 销 者	新华书店
	787毫米×1092毫米　16开本　19印张　330千字
	2024年3月第1版　2024年3月第1次印刷
印　　　数	1-3000册
定　　　价	98.00元

序言 FOREWORD

在 AI 迅猛发展的当下，艺术与技术的交汇点正逐渐成为创新的前沿。《AI绘画基础与商业实战》这本书，正是这一交汇点上的一座桥梁，它不仅连接了艺术的感性与技术的理性，更展现了两者融合后所迸发出的无限可能。

本书从 AI 绘画的历史脉络出发，追溯了从 AARON 到 Stable Diffusion 的技术演进，为我们勾勒出一幅技术发展的宏伟画卷。在这幅画卷中，我们看到了 AI 绘画如何从最初的探索，逐步走向成熟，最终成为现代艺术创作的重要工具。这种技术的进步，不仅仅是算法的优化，更是人类对美的追求与表达方式的革新。

书中不仅为新手提供了入门指南，更为专业人士提供了丰富的实战案例和提示词写作技巧。这些内容将极大地推动 AI 绘画的普及和应用。

特别值得一提的是，本书不仅探讨技术层面，更将视野拓展至商业应用的广阔领域。从电商到教育，从游戏到产品设计，AI 绘画的应用场景被一一展开，展现了其在各个行业中的商业潜力。这些案例不仅展示了 AI 绘画的多样性，也为我们提供了如何将技术转化为商业价值的宝贵经验。它还告诉我们，艺术不再是人类独有的领域，AI 的加入为艺术创作带来了新的维度，同时也为商业创新提供了新的路径。在未来，我们有理由相信，AI 绘画将在艺术与商业的双重舞台上，绽放出更加绚丽的光彩。

感谢作者邀请我为这本书作序。我相信，这本书将成为 AI 绘画领域的经典之作，不仅为研究者提供了宝贵的参考资料，也为那些渴望在艺术与商业之间找到平衡点的实践者指明了方向。让我们共同期待，AI 绘画在未来能够带来更多的惊喜和突破！

李挥

北京大学教授

俄罗斯自然科学院外籍院士

国际院士科创中心首席信息科学家

联合国世界数字技术院专委专家

国家重大科技基础设施未来网络–北大实验室主任

序言 FOREWORD

近年来，人工智能领域取得了巨大的突破，其中AI绘画技术的发展开创了创意产业的新时代。

AI绘画技术如今已经能够创作出令人叹为观止的作品，这一壮丽的进步离不开深度学习、扩散模型等技术的进步。同时，一些现象级的应用，如Midjourney等也在这个领域崭露头角，展示了AI绘画的巨大潜力。

AI绘画不仅令艺术创作变得更加创新和多样化，还为商业应用领域带来了巨大的变革。它已经广泛应用于概念设计、游戏开发等多种领域，极大地提高了创作者的工作效率，降低了创作成本，使更多人能够轻松参与到创作过程中。

AI绘画不仅是一种创新的生产方式，更是一种重要的竞争优势，它将推动相关产业的迅速发展，为市场带来深远的变化。

本书的目标是系统地介绍AI绘画的技术原理、商业应用模式、市场情况以及未来发展趋势。它是为那些对这一快速发展的新兴领域感兴趣的读者而写的，无论你是技术从业者、艺术创作者，还是企业负责人，本书都将为你提供宝贵的思路和启发。

首先，本书深入浅出地介绍了AI绘画背后的技术原理，如深度学习如何被应用于图像生成，以及为什么能够产生如此出色的结果。读者将了解到生成对抗网络（GAN）、Diffusion Model、ControlNet等关键技术是如何在AI绘画过程中发挥作用的。

其次，本书详细探讨了AI绘画的商业应用模式，展示了AI绘画是如何在游戏开发、广告制作、教育、电商等领域产生实际价值的。读者将了解到如何将这一技术融入现有的商业活动中，以提高企业生产力，提供更具竞争力的产品和服务。

再次，本书具体分析了AI绘画的市场情况，包括市场规模、增长趋势以及关键参与者的角色，以帮助读者更好地了解这个领域的商机和挑战。对于那些寻求投资或发展业务的人来说，本书将提供宝贵的市场情报。

最后，本书还对AI绘画的未来趋势进行了展望，比如技术未来发展方向，以及它将如何继续影响创意产业。

通过对本书内容的学习，读者将能够深入理解AI绘画技术的原理，获得商业应用层面的启发，为自己的就业发展和业务战略提供重要的参考。

　　无论你是一名技术专家、创作者还是企业家，这本书都将帮助你更好地理解AI绘画领域的机遇和挑战。在这个激动人心的时代，AI绘画已经改变了创意产业的面貌，为我们带来了无限可能。

　　作为活跃在AI产业一线的从业人员，同时也是科技风险投资行业的一名老兵，我由衷推荐这本书，希望它能够成为你探索AI绘画领域的有力引导，激发你的创造力，推动你的事业发展。

陈佳亭

云从科技战投负责人

AI科技方向著名投资人

前言
PREFACE

AI绘画有什么前途

自2020年年底以来，人工智能生成内容（AIGC）在业界悄然崛起，并在全球范围内引起广泛关注。AIGC包括AI对话（文本生成）和AI绘画（图像生成）等。

2022年11月，ChatGPT强势问世，引起Google内部的高度重视，甚至引发了一场社交网络狂欢，短短两个月就吸引了一亿用户。ChatGPT具备强大的多语言能力，涉猎广泛。无论是科学知识、文艺创作，还是专业技术领域，都能为我们提供相关的知识和解释。

与此同时，AIGC领域另一个重要的应用分支AI绘画也引发了广泛关注。Stability AI的扩散模型成为这一领域的代表之作。AI绘画展示出的惊人绘画能力让人们纷纷担忧传统画师的地位会受到挑战。在2022年的一次美国艺术比赛中，AI绘画作品《太空歌剧院》更是摘得桂冠，赢得了众多绘画大师的认可。

2023年3月，Midjourney V5发布，成为AI绘画的新宠。4月，Stable Diffusion的"神级插件"ControlNet问世，再度掀起AI绘画热潮。AI从业者对技术迭代的速度惊叹不已，纷纷预测通用AI的时代即将来临。

笔者的使用体会

本书从多个角度对AI绘画进行深入介绍，包括其发展史、应用场景、商业变现实例及未来发展。我们力求通过深入浅出的解析和示范，帮助新手迅速掌握AI绘画的核心技巧，进阶为AI绘画高手。

本书旨在激发每一个热衷于探索AI绘画的新手的学习热情，为他们提供实用的知识体系和技巧，使他们能够在这一充满创意和无限可能的领域中迅速成长。

此外，我们也关注AI绘画在商业领域的应用，展示其在广告、媒体、设计等行业中的成功案例，为企业和个人提供创新的商业模式和盈利途径。同时，我们还关注AI绘画所面临的法律风险和挑战，为读者提供应对策略和建议，以保障创作和商业应用的合规性。

总之，本书致力于成为AI绘画领域的一部实用教材和指南，搭建全面而深入的知识体系，帮助新手从零基础向高手进阶，实现在AI绘画世界中的快速成长和自我价值的提升。

本书特色

面向新手：本书将复杂技术讲解得深入浅出，对新手特别友好，专业人士亦可有所收获。

专注实战：书中的每一个绘画例子都提供了可复刻的指导建议，读者学习后就能生成自己的作品。

内容精优：书中的每一个案例都符合题材新颖、艺术性强、实用性强等标准。

商业应用：本书不仅具备扎实的理论和实操建议，更提供了商业应用的场景示范和案例指导。

视野宽广：本书不仅教你使用Midjourney、Stable Diffusion等主流AI绘画工具，还介绍了10个平替AI绘画工具的基本使用方法，有助于AI绘画学习者拓宽视野。

作者介绍

张无忌，真名张永刚

上海某航空公司前战略发展副总裁，图灵AI研究院联合发起人，《AI降临：ChatGPT实战与商业变现》作者，多家科技企业战略顾问，上海蘑菇云资深创客，持有多项专利，对AI项目的发展方向和商业应用有深入的洞察和理解。

潘璐平

长期研究元宇宙、AIGC赛道，某国际中文教育元宇宙项目负责人，小红书平台元宇宙领域优质博主，某Web3游戏公司联合创始人。

小娌，真名蒋志碧

北京某知名互联网企业NLP与推荐算法工程师，AIGC领域研究与实践者，元宇宙技术探索者。

黄八宝，真名黄一帆

高中数学教师，编程爱好者，AIGC提示词探索者。

雪青幻想，真名钟丽香

8年资深设计师，知名AI绘画自媒体人，曾任4A广告公司AI创意组长，资深美术指导，Midjourney等AI绘画工具早期研究者。

本书读者对象

◎ 对AI绘画感兴趣的读者
◎ 设计、游戏、电商、教育、建筑等行业从业人员
◎ AI创业者、企业主
◎ AI软件开发者
◎ 各类AI培训机构

致谢（排名不分先后）

感谢父母的体谅，感谢爱人的默默付出，感谢支持我们，以及为这本书出版所做出努力的朋友们：

李挥院士、陈佳亭、杜雨、白凯文、陈夏、李佳、马杰、陈晖、崇卫娴、水木然、炫迈、曹清雅、许爱思、周少洋、元成

目录
CONTENTS

03 第三篇　　　　　AI 绘画的商业变现

第四篇　　　　　　　　　AI绘画的未来发展

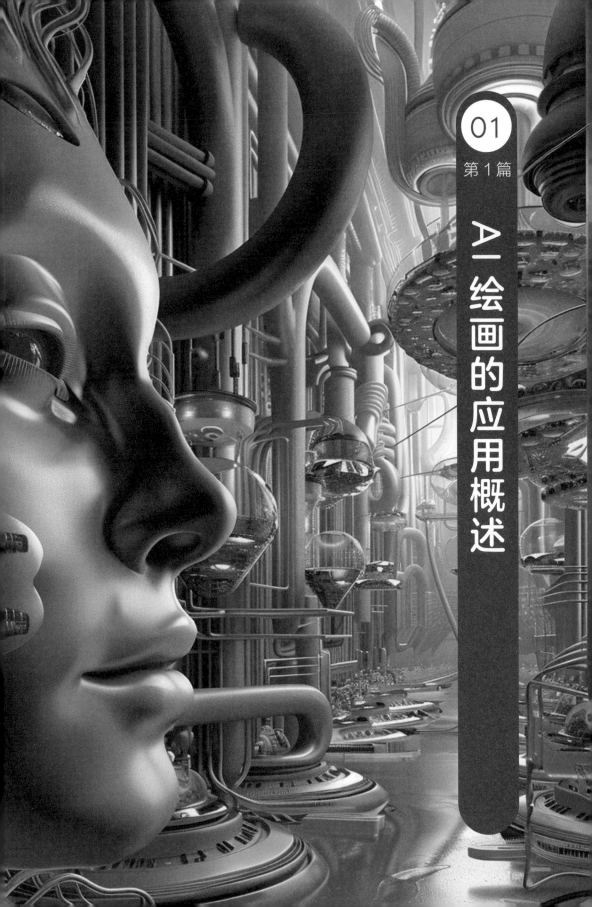

01
第 1 篇

AI 绘画的应用概述

第1章

AI绘画的前世今生

2023年被认为是AIGC的元年，文本转图像的AI绘画工具DALL·E 2、Stable Diffusion和Midjourney成功引爆了AI绘画领域，给人们带来了巨大的震撼。但其实AI绘画的诞生远比很多人想象的还要早。在本章中，我们会对AI绘画的发展历程进行深入研究。

1.1 前世：AI绘画技术发展史

自从人类开始进行艺术创作，绘画就一直是人类表达情感、思想和观念的重要方式。随着科学技术的飞速发展，AI绘画作为一种结合了AI和艺术的新兴技术，逐渐崭露头角。在本节中，我们将回顾AI绘画技术的发展历程，重温那些令人瞩目的里程碑事件和人物。

1.1.1 AARON：AI绘画技术的先驱

AI绘画技术的起源可以追溯到20世纪70年代，当时一位加利福尼亚大学圣迭戈分校的教授兼画家哈罗德·科恩（Harold Cohen）开始开创性地尝试使用计算机程序进行绘画。1973年，哈罗德·科恩与他的计算机程序"艾伦"（AARON）共同创作了一幅绘画作品，这一事件被认为象征着AI绘画技术的诞生。这幅作品在威尼斯双年展上引起了轰动，标志着艺术与科技交融的趋势逐渐兴起。

AARON并非直接输出数字作品，而是通过控制一个机械臂进行实际绘画。哈罗德·科恩花费了几十年时间对AARON进行改进，直到他离世。在20世纪80年代，AARON掌握了三维物体的绘制技巧；到了90年代，它能够使用多种颜色进行绘画。据称，直到今天，AARON仍在继续创作。

尽管AARON的代码并未开源，我们无法了解其具体作画过程，但可以推测

AARON是通过复杂的编程方式描述了哈罗德·科恩本人对绘画的理解。这也解释了为什么AARON在经过几十年的迭代之后，最终仍然只能画出色彩艳丽的抽象派风格画作，这正是哈罗德·科恩的绘画风格。哈罗德·科恩用了几十年时间，将自己对艺术的理解通过程序指导机械臂呈现在画布上，如图1.1所示。

图1.1　AARON与哈罗德·科恩（左）、AARON于1992年创作的作品（右）

尽管AARON的智能程度难以衡量，但作为第一个能够自动绘画并在真实画布上完成作品的程序，将其视为AI绘画领域的开创者和先驱，的确恰如其分。

1.1.2　AlexNet：深度学习时代的曙光

随着计算能力的提升和数据量的增长，神经网络技术逐渐崭露头角，为AI绘画技术的发展提供了强大的推动力。2012年，谷歌旗下的DeepMind公司开发的AlexNet神经网络模型在ImageNet图像识别挑战赛上取得了令人瞩目的成绩，其错误率仅为15.3%，这一成果证明了深度学习技术在计算机视觉领域的巨大潜力，并为后来的研究提供了重要的启示，开创了深度学习在计算机视觉领域应用的新纪元。

1.1.3　风格迁移

2014年，DeepArt.io成立，作为一个在线平台，它运用神经网络技术将著名艺术家的风格迁移到用户提供的普通照片上。这一技术被称为风格迁移（Style Transfer），它通过深度学习技术，使得AI绘画技术的应用范围得以拓展。风格迁移技术的崛起表明了AI绘画领域的巨大潜力。自此，越来越多的研究者和开发者开始关注风格迁移技术的研究和应用。

风格迁移技术的原理是通过卷积神经网络（CNN）从一幅图像中提取风格特征，并将这些特征应用于另一幅图像，从而生成具有特定风格的新图像。这一技术的崛起引发了大众对AI绘画领域的广泛关注，激发了众多研究者在此方向上的创新和探索。

1.1.4 GAN的应用与挑战

同样在2014年，谷歌旗下的伊恩·古德费洛（Ian Goodfellow）等研究者提出了生成对抗网络（GAN）的概念。这一突破性的技术在AI绘画领域引起了广泛关注。GAN由两个神经网络组成：一个生成器负责生成图像，另一个判别器负责判断生成的图像是否为真实图像。两个网络相互竞争，以提高生成图像的质量。借助GAN技术，AI绘画取得了惊人的成果，如生成超现实主义风格的作品和原创人物肖像等。

然而，GAN在"创作"上还存在一个死结，而这恰恰是其自身的核心特点：根据GAN的基本架构，判别器要判断产生的图像是否和已经提供给判别器的其他图像是同一个类别的，这就决定了在最好的情况下，输出的图像也就是对现有作品的模仿，而不是创新。此外，基础的GAN模型对输出结果的控制力较弱，容易产生随机图像，而AI艺术家的输出应该是稳定的。此外，其生成图像的分辨率较低。

为了应对这些挑战，研究人员除了不断优化GAN模型以提高生成图像的质量和分辨率，还开始利用其他种类的深度学习模型来尝试教AI绘画。这些努力共同推动了AI绘画领域的创新和发展。

1.1.5 谷歌从深梦到简笔画模型

2015年谷歌发布了一个图像工具深梦（Deep-Dream）。深梦发布了一系列画作，如图1.2所示，吸引了很多人的注意。谷歌甚至为深梦的作品策划了一场画展。

图1.2 深梦的画作

严格来讲，深梦与其说是AI绘画，不如说是一个高级AI版滤镜，其作品带有明显的滤镜效果。

和作品尴尬的深梦相比，谷歌更靠谱的是2017年通过数千张手绘简笔画图片训练的一个模型。

这个模型之所以受到广泛关注，是因为谷歌把相关代码开源了，因此第三方开发者可以基于该模型开发有趣的AI简笔画应用。其中一个在线应用叫作*Draw Together with a Neural Network*，人们用鼠标随意画一个图形，并选择一个希望生成的图形类别，AI就可以自动将其补充完整。

1.1.6 扩散模型兴起

2015年，斯坦福大学的研究者将非均衡热力学引入深度无监督学习中，为当今大火的扩散模型（Diffusion Models）奠定了基础。

扩散模型的根本功能是"去噪点"，类似手机拍夜景时自动降噪功能（通过降噪技术提升图像清晰度）。

通过扩散模型，AI可以去掉图像中的噪声，从而还原出更清晰的图像。这一技术的引入，让AI绘画技术在去除噪声、提高图像清晰度方面有了更多的应用。非均衡热力学的引入，也让深度无监督学习的应用领域更加广阔，为AI绘画技术的发展注入了新的动力。

1.1.7　Facebook的创造性对抗网络（CAN）

2017年，Wei Ren Tan等人提出了名为"ArtGAN"的模型。尽管其生成的图像看起来不完全像画家的作品（如图1.3所示），但成功捕捉到了艺术品的低阶特征，激发了更多研究者使用ArtGAN生成艺术图像的兴趣。

图1.3　ArtGAN模型生成的图像

互联网巨头在AI绘画模型研究中扮演着重要角色。2017年7月，Facebook与罗格斯大学和查尔斯顿学院艺术史系合作开发了创造性对抗网络（CAN）。该模型生成的作品独特且非现存艺术作品的仿品。

如图1.4所示，CAN生成的图像试图模仿艺术家的作品，它们具有独特性，而非对现有艺术作品的简单复制。

图1.4　CAN生成的图像

当时开发研究人员对CAN模型展示出的创造性深感震惊，因为生成的作品与流行的抽象画颇为相似。研究人员组织了一场图灵测试，53%的观众认为CAN模型生成的作品出自人类之手，在类似的图灵测试中首次突破半数。然而，CAN模型在艺术性评分上仍无法达到人类大师水平，且只限于抽象表达，无法创作写实或具象绘画作品。

1.1.8　AI绘画变现，让后来者蠢蠢欲动

2018年，法国艺术家团队Obvious利用神经网络算法生成的艺术作品《埃德蒙·德·贝拉米肖像》在佳士得拍卖行成功拍卖，成交价高达43.25万美元，如图1.5所示。这一事件引发了关于AI绘画作品价值和地位的讨论，推动AI绘画技术逐步走向市场化。

图1.5　埃德蒙·德·贝拉米肖像

1.2　今生：涌现的AI绘画模型

GAN产生之前，AI绘画作品基本上都是些似是而非的"抽象画"，没有得到太多的关注。GAN出现之后，其逼真的绘画效果让人眼前一亮，但即便如此，AI

绘画依然只是在小众的圈子里流行。

直到2021年OpenAI的DALL·E问世及其后推出的升级版DALL·E 2，才真正让AI绘画进入大众视野，一时风靡网络。之所以如此，一方面是因为DALL·E 2的绘画效果几乎可以与专业画师相媲美；另一方面是它在用户端的操作极其简单，用户只需输入自然语言文本对绘画内容进行描述，即可得到相应的精美绘画作品。OpenAI网站的博客上给出了生动的例子，输入文本提示（prompt）："an illustration of a baby daikon radish in a tutu walking a dog（穿着芭蕾舞裙的小白萝卜在遛狗）"，即可得到一系列有创意的插画作品，如图1.6所示。

图1.6　AI生成作品

在DALL·E之后，类似的AI绘画大模型纷纷涌现，比如Stable Diffusion、Midjourney、Disco Diffusion。后文我们会逐步介绍到。

1.2.1 DALL·E和CLIP：开启文生图的重要模型

在近来的一波AI绘画浪潮中，文生图技术被认为是重要的推手之一。与之前的智能绘画工具需要用户操作画笔不同，从DALL·E开始，用户仅需输入文本描述，AI就能自动进行绘画。这种便捷程度令人惊叹，使得AI绘画在大众中广泛流行。

DALL·E专注于将文本转换为图像，而CLIP模型则利用文本作为监督信号来训练视觉模型。这使得AI首次真正理解了人类的描述，并据此进行创作。

如图1.7所示，虚线上方是CLIP模型的训练过程，建立了文本和图像的联合表示空间。虚线下方是文本到图像的生成过程，通过CLIP文本嵌入，调节产生最终图像的扩散解码器。

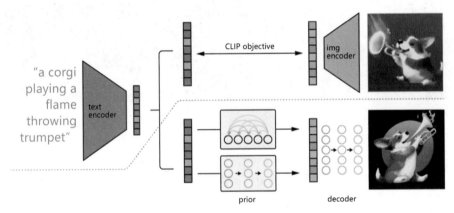

图1.7　CLIP模型的训练过程和文本到图像的生成过程

DALL·E 2基于GPT-3，拥有120亿参数，能根据文本描述生成图像。通过结合CLIP文本编码器和Diffusion模型，DALL·E 2提高了生成图像的质量，推动了AI绘画在大众中的普及。

CLIP模型基于40亿个"文本–图像"训练数据，实现了自然语言理解和计算机视觉分析的融合，成为一款通用图像分类工具。CLIP能够判断图像与文字提示之间的匹配程度，并以此验证模型输出。它采用了互联网上的大量图片和相关文本描述进行训练，避免了昂贵且耗时的人工标注，相当于全球互联网用户已经提前完成了标注工作。

当时DALL·E的绘画水平很一般。如图1.8所示，这是DALL·E画的一只狐狸，勉强可以辨别。

但值得注意的是，DALL·E的出现让AI开始拥有一个重要的能力，那就是可以按照文字提示来进行创作。

新模型DALL·E 2的名称来源于著名画家达利（Dalí）和动画片《机器人总动员》（Wall-E）。如图1.9所示，DALL·E 2同样支持根据文本描述生成效果良好的图像。

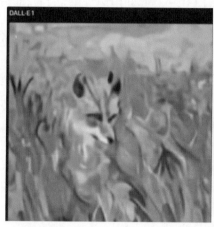 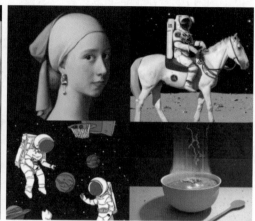

图1.8　利用DALL·E创作的作品　　　　图1.9　利用DALL·E 2创作的作品

1.2.2　Disco Diffusion：谷歌开源的AI绘画神器

谷歌2022年发布了名为Imagen的文生图模型，该模型采用了T5-XXL的预训练NLP编码器，其嵌入会被反馈至Diffusion模型。因此，Imagen能够更准确地生成包含文本的图像，弥补了OpenAI模型在这方面的短板。

2022年2月初，Disco Diffusion成为一款备受欢迎的AI绘画软件。作为谷歌推出的基于云端的开源AI绘画程序，Disco Diffusion面向非职业文艺工作者，无须特定计算机配置，仅需网络连接即可使用。该软件具有强大的功能和智能算法，用户仅需描述画面意境、场景、风格或几个关键词，就能生成众多作品，尤其在中国山水画方面表现出色，如图1.10所示。

图 1.10　搜索引擎中搜索 "Disco Diffusion" 的结果

1.2.3　Midjourney 艳惊四座的画作《太空歌剧院》

2022 年 8 月，在美国科罗拉多州的一场艺术博览会中，一幅名为《太空歌剧院》的作品拿下了大赛的 "数字艺术" 大奖，如图 1.11 所示。然而，这幅图并非完全出自人类之手，而是由一名 39 岁的游戏公司老板杰森·艾伦利用 AI 绘画工具创作的。

图 1.11　利用 Midjourney 创作的《太空歌剧院》

这件事引起了公众对AI绘画的特别关注，并再次引发人们对AI创造力的讨论。

而2023年更新的V5版本更是让Midjourney及其作品成功"出圈"，代表作是《中国情侣》。

1.2.4　Stable Diffusion：免费开源的顶级模型

Stability AI公司发布的Stable Diffusion开源项目在"文生图"领域引领了一场革命。相比其他文生图模型，Stable Diffusion具有更高的计算效率，需要更少的计算资源，从而让更多人能够使用。此外，它还允许用户通过图像与图像之间的转换来修改现有的图像。

深度学习及其图像处理应用已经发展到了一个全新阶段。如今，基于Transformer或Diffusion的里程碑式模型能够根据简单的文本提示生成高度逼真和复杂的图像，在"文生图"领域焕发光彩。

1.3　未来：威胁或共生，人类画家何去何从？

1.3.1　争议和版权

AI Artist（人工智能艺术家）自问世以来，一直备受争议。版权纠纷、错误输出、算法偏见等问题使得"文生图"应用屡次成为热议焦点。例如，2023年1月，三位艺术家将Stable Diffusion和Midjourney的开发公司及DreamUp的艺术家组合平台DeviantArt告上了法庭。他们声称，这些组织侵犯了"数百万艺术家"的权利，未经原创艺术家同意就用从网络上抓取的50亿张图片训练AI模型。

许多艺术家担心会被AI取代，因为AI模型可以模仿他们的独特风格，使他们失去生计。2022年12月，数百名艺术家在ArtStation（互联网上最大的艺术社区之一）上传图片，表达"对AI生成的图像说不"的立场。与此同时，有些艺术家悲观地认为："我们正目睹着艺术的死亡。"关于训练数据中使用的图像版权问题，目前仍存在争议。

当然，也有许多艺术家积极拥抱 AI，将文生图模型视为绘画助手，以减少重复性的烦琐工作。此外，一些艺术家将 AI 视为想象力的"引擎"，与 Midjourney 社区用户互动，激发新的、有趣的人类美学灵感，并将其应用到现实世界。正如 Midjourney 所描述的："AI 不是现实世界的复制，而是人类想象力的延伸。"

当前，监管机构正努力跟上 AI Artist 的步伐。2023 年 2 月，美国版权局在一封信中表示，使用 Midjourney 创作的漫画中的插图不应获得版权保护。这是美国政府首次就 AI 创作作品的版权保护范围作出裁决。此外，为保护艺术家免受文生图模型风格模仿的侵害，一些学者提出了一个名为 Glaze 的系统，保护艺术家的作品免受 AI 的模仿。

1.3.2 融合与进化

"文生图"应用使得没有编程知识的艺术家和大众也能够使用这些强大的模型，创作出令人震撼的视觉作品。AI 正逐渐进入创意和创作领域，并对我们的创作过程带来了深远影响。面对 AI 绘画技术的迅猛发展，我们应认真思考其潜在影响，同时探讨人类画家如何与 AI 共生，共同开创艺术的未来。

下面是笔者给出的一些建议。

培养创新思维：人类艺术家应借助 AI 技术不断挖掘自己的创新潜能，运用独特的思维方式，以个性化和新颖的视角创作出具有创新价值的作品。

加强人类艺术家与 AI 的协作：人类艺术家可以将 AI 视为一种工具，利用 AI 技术优化创作过程，提高效率。人类艺术家的直觉、经验和情感深度将与 AI 绘画的精确度和速度相结合，共同创造出前所未有的艺术作品。

促进人类美学与 AI 美学的交融：人类艺术家可以从 AI 生成的图像中汲取灵感，开辟不同于传统美学的新视角。同时，AI 也可从人类美学中吸收经典元素，使得作品更加丰富多元。

强调人文关怀：艺术作品不仅是视觉的表现，更是人类情感、思想和文化的载体。在 AI 绘画的发展中，人类艺术家应更加注重将人文精神融入作品，使艺术作品具有更深刻的内涵和社会价值。

加强跨学科合作：艺术、技术和社会科学等多学科的交融，将有助于人类艺术家在 AI 绘画领域找到新的突破口。

保护艺术家权益：加强对AI绘画领域的法律监管，保护原创艺术家的知识产权。同时，鼓励艺术家和AI技术开发者充分沟通、协商，以确保双方权益得到平衡和保障。

加强教育与培训：加强人类艺术家对AI技术的了解，帮助他们适应技术发展的潮流。教育机构和培训课程应针对艺术家的需求，提供有关AI技术的基础知识、实用技巧，使人类艺术家能够充分利用AI技术，提高创作水平和市场竞争力。

探讨新的艺术形式：在AI绘画技术的影响下，新的艺术形式和表达方式可能不断涌现。艺术家应保持开放的心态，勇于尝试和探索，将传统艺术与现代科技完美融合，创造出独具特色的艺术作品。

提高社会认知度：艺术家、技术开发者和公众应共同努力，提高对AI绘画的认知和接受程度。通过展览、讲座和互动体验等多种形式，让更多的人了解AI绘画的魅力，使其在艺术领域得到更广泛的认可。

持续关注技术发展：AI技术在不断进步，艺术家应关注最新的技术动态，以便及时调整自己的创作策略。在AI技术的推动下，艺术领域可能出现更多突破性的创新，为艺术家提供无限的可能性。

总之，面对AI绘画技术的发展，人类艺术家应抓住机遇，不断提升自身能力，与AI共同探索艺术的新境界。通过各方的共同努力，我们有望在未来见证更多精彩艺术作品和突破性成果的诞生。

第2章

AI绘画如何开始：新手玩法

本章将分步介绍AI绘画工具Midjourney的注册方法和基本用法。无论你是完全的新手，还是有经验的艺术家，都能轻松上手。

 ## 2.1 Midjourney 注册教程

✎ **第1步：** 打开Midjourney官网，如图2.1所示。

图2.1　Midjourney官网

✎ **第2步：** 单击右下角的"Join the Beta"，如图2.2所示。

✎ **第3步：** 进入"您已被邀请加入"界面，输入自己设置的用户名之后单击"继续"，如图2.3所示。

图2.2　Join the Beta

图2.3　继续

> **第4步：** 进入新的界面，按照提示输入邮箱地址和账号密码，然后前往邮箱进行验证（因为目前Midjourney是搭载在Discord上的，所以我们需要先注册一个Discord账号），如图2.4所示。

> **第5步：** 进入自己的邮箱，在Discord发来的验证邮件中单击"Verify Email"，如图2.5所示。

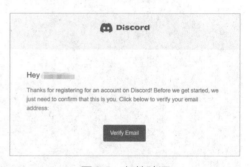

图2.4　邮箱验证

图2.5　邮箱验证

> **第6步：** 验证通过以后，会看到如图2.6所示的提示，然后单击"继续使用Discord"。

> **第7步：** 进入新的界面之后，就可以在左上角看到一个小船logo，这就是Midjourney的服务器，如图2.7所示。

图2.6　验证通过

图2.7　进入新页面

第8步： 进入Midjourney服务器后的界面如图2.8所示。

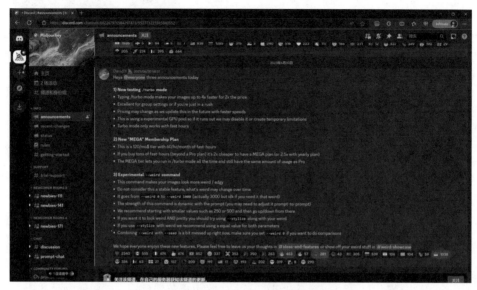

图2.8　进入Midjourney服务器

第9步： 作为新手，我们可以单击进入左侧导航栏的NEWCOMER ROOMS中的任意一个频道。在这里我们可以看到很多用户用AI创作出来的作品，如图2.9所示。

图2.9　导航栏

第10步： 在底部的聊天输入框中输入
"/imagine + 绘画描述"即可开始画图。这里我们
输入"/imagine prompt big house"，如图2.10所示。

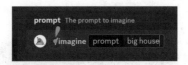

图2.10　聊天框

第11步： 发送指令后，因为是第一次画图，
系统提示需要接受用户协议，单击"Accept ToS"即可继续绘画，如图2.11所示。

图2.11　继续绘画

第12步： 目前Midjourney已经不支持新用户免费试用，需要成为付费用户
才能正常画图，如图2.12所示。

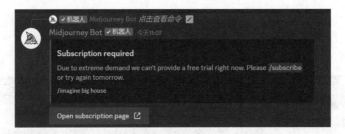

图2.12　付费提示

第13步： 单击图2.12中的提示"Open subscription page"，根据自己的需求
选择相应的付费套餐即可，如图2.13所示。

图2.13　付费套餐

以上就是完整的Midjourney注册流程。

2.2 新手入门：画一只狗的6类创作思路

2.2.1 选择一种艺术风格

在使用Midjourney进行创作时，选择合适的艺术风格非常重要。你只需要描述不同的颜料、墨水、纸张、印刷技术等专有名词，就可以让Midjourney快速生成具有独特效果的绘画作品。Midjourney的提示词写作公式如图2.14所示。

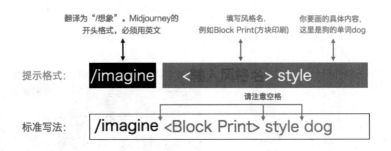

图2.14 提示词写作公式

例1：Block Print（方块印刷）风格，如图2.15所示。

提示词：/imagine <Block Print> style dog（/想象 <方块印刷> 风格 狗，后文中的英文格式写作请读者自行翻译）。

例2：Folk Art（民间艺术）风格，如图2.16所示。

提示词：/imagine <Folk Art> style dog

图2.15　方块印刷风格　　　　　　　　图2.16　民间艺术风格

例3：Cyanotype（氰版照相）风格，如图2.17所示。

提示词：/imagine <Cyanotype> style dog

例4：Graffiti（涂鸦艺术）风格，如图2.18所示。

提示词：/imagine <Graffiti> style dog

图2.17　氰版照相风格　　　　　　　　图2.18　涂鸦艺术风格

例5：Paint-by-Numbers（数字画）风格，如图2.19所示。

提示词：/imagine <Paint-by-Numbers> style dog

例6：Risograph（理想印刷）风格，如图2.20所示。

提示词：/imagine <Risograph> style dog

图2.19　数字画风格　　　　　　　　图2.20　理想印刷风格

例7：Ukiyo-e（浮世绘）风格，如图2.21所示。

提示词：/imagine <Ukiyo-e> style dog

例8：Pencil Sketch（铅笔素描）风格，如图2.22所示。

提示词：/imagine <Pencil Sketch> style dog

图2.21　浮世绘风格　　　　　　　　图2.22　铅笔素描风格

例9：Watercolor（水彩画）风格，如图2.23所示。

提示词：/imagine <Watercolor> style dog

例10：Pixel Art（像素艺术）风格，如图2.24所示。

提示词：/imagine <Pixel Art> style dog

图2.23　水彩画风格

图2.24　像素艺术风格

例11：Blacklight Painting（黑光绘画）风格，如图2.25所示。

提示词：/imagine <Blacklight Painting> style dog

例12：Cross Stitch（十字绣）风格，如图2.26所示。

提示词：/imagine <Cross Stitch> style dog

图2.25　黑光绘画风格

图2.26　十字绣风格

例13：Pixar（皮克斯）风格，如图2.27所示。

提示词：/imagine <Pixar> style dog

例14：Bauhaus（包豪斯）风格，如图2.28所示。

提示词：/imagine <Bauhaus> style dog

图2.27　皮克斯风格

图2.28　包豪斯风格

2.2.2　指定一种创作手法/技法

提出明确的、具体的创作手法和技法，即可让Midjourney生成相应风格的画面，其提示词写作公式如图2.29所示。

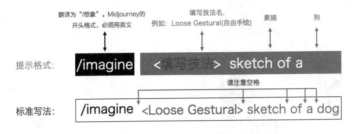

图2.29　提示词写作公式

例1：Life Drawing（写生），如图2.30所示。

提示词：/imagine <Life Drawing> sketch of a dog

例2：Continuous Line（持续线条），如图2.31所示。

提示词：/imagine <Continuous Line> sketch of a dog

图2.30　写生

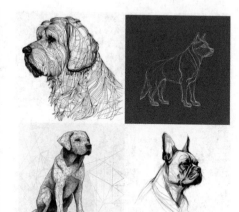

图2.31　持续线条

例3：Loose Gestural（自由手绘），如图2.32所示。

提示词：/imagine <Loose Gestural> sketch of a dog

例4：Blind Contour（盲描），图2.33所示。

提示词：/imagine <Blind Contour> sketch of a dog

图2.32　自由手绘

图2.33　盲描

例5：Chiaroscuro（明暗对比），如图2.34所示。

提示词：/imagine <Chiaroscuro> sketch of a dog

例6：Charcoal Sketch（炭笔素描），如图2.35所示。

提示词：/imagine <Charcoal Sketch> sketch of a dog

图2.34　明暗对比

图2.35　炭笔素描

2.2.3　指定年代

不同时代的图片有属于那个时代的艺术风格和特色。指定时代的公式如图2.36所示。

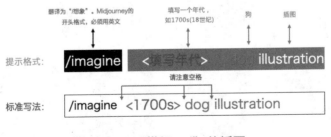

图2.36　提示词写作公式

例1：1700s（18世纪），如图2.37所示。

提示词：/imagine <1700s> dog illustration

例2：1800s（19世纪），如图2.38所示。

提示词：/imagine <1800s> dog illustration

图2.37　18世纪　　　　　　　　　　　　图2.38　19世纪

例3：1900s（20世纪），如图2.39所示。

提示词：/imagine <1900s> dog illustration

例4：1910s（20世纪10年代），如图2.40所示。

提示词：/imagine <1910s> dog illustration

图2.39　20世纪　　　　　　　　　　　　图2.40　20世纪10年代

例5：1920s（20世纪20年代），如图2.41所示。

提示词：/imagine <1920s> dog illustration

例6：1930s（20世纪30年代），如图2.42所示。

提示词：/imagine <1930s> dog illustration

图2.41　20世纪20年代

图2.42　20世纪30年代

例7：1940s（20世纪40年代），如图2.43所示。

提示词：/imagine <1940s> dog illustration

例8：1950s（20世纪50年代），如图2.44所示。

提示词：/imagine <1950s> dog illustration

图2.43　20世纪40年代

图2.44　20世纪50年代

例9：1960s（20世纪60年代），如图2.45所示。

提示词：/imagine <1960s> dog illustration

例10：1970s（20世纪70年代），如图2.46所示。

提示词：/imagine <1970s> dog illustration

图2.45　20世纪60年代

图2.46　20世纪70年代

例11：1980s（20世纪80年代），如图2.47所示。

提示词：/imagine <1980s> dog illustration

例12：1990s（20世纪90年代），如图2.48所示。

提示词：/imagine <1990s> dog illustration

图2.47　20世纪80年代

图2.48　20世纪90年代

2.2.4 指定表情

指定表情指使用描述情感的词语（如快乐或愤怒），让角色表达情绪，其公式如图2.49所示。

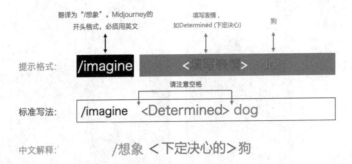

图2.49 提示词写作公式

例1：Determined（下定决心的），如图2.50所示。

提示词：/imagine <Determined> dog

例2：Happy（快乐的），如图2.51所示。

提示词：/imagine <Happy> dog

图2.50 下定决心的　　　　　　　图2.51 快乐的

例3：Sleepy（瞌睡的），如图2.52所示。

提示词：/imagine <Sleepy> dog

例4：Angry（生气的），如图2.53所示。

提示词：/imagine <Angry> dog

图2.52　瞌睡的

图2.53　生气的

例5：Shy（害羞的），如图2.54所示。

提示词：/imagine <Shy> dog

例6：Embarrassed（尴尬的），如图2.55所示。

提示词：/imagine <Embarrassed> dog

图2.54　害羞的

图2.55　尴尬的

2.2.5　多种颜色尝试

想要让图像变得缤纷多彩，你可以试试下面的提示词公式，如图2.56所示。

图2.56　提示词写作公式

例1：Millennial Pink（千禧粉），如图2.57所示。

提示词：/imagine <Millennial Pink > colored dog

例2：Acid Green（柠檬绿），如图2.58所示。

提示词：/imagine <Acid Green > colored dog

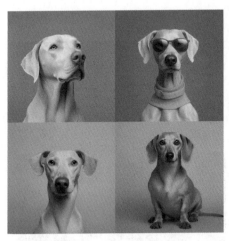

图2.57　千禧粉

图2.58　柠檬绿

例3：Desaturated（褪色的），如图2.59所示。

提示词：/imagine <Desaturated > colored dog

例4：Canary Yellow（金丝雀黄），如图2.60所示。

提示词：/imagine <Canary Yellow > colored dog

图2.59　褪色的

图2.60　金丝雀黄

例5：Peach（桃红色），如图2.61所示。

提示词：/imagine <Peach > colored dog

例6：Two Toned（双色调），如图2.62所示。

提示词：/imagine <Two Toned > colored dog

图2.61　桃红色

图2.62　双色调

例7：Pastel（柔和色彩），如图2.63所示。

提示词：/imagine <Pastel > colored dog

例8：Mauve（淡紫色），如图2.64所示。

提示词：/imagine <Mauve > colored dog

图2.63　柔和色彩　　　　　　　　　图2.64　淡紫色

例9：Ebony（乌木色），如图2.65所示。

提示词：/imagine <Ebony > colored dog

例10：Neutral（中性色），如图2.66所示。

提示词：/imagine <Neutral > colored dog

图2.65　乌木色　　　　　　　　　　图2.66　中性色

例11：Neon Color（霓虹色），如图2.67所示。

提示词：/imagine <Neon Color> colored dog

例12：Green Tinted（绿色调色），如图2.68所示。

提示词：/imagine <Green Tinted > colored dog

图2.67　霓虹色

图2.68　绿色调色

2.2.6　尝试各种环境背景

尝试各种环境背景即让图片内容出现在不同的环境背景中，营造出身临其境的感觉，其公式如图2.69所示。

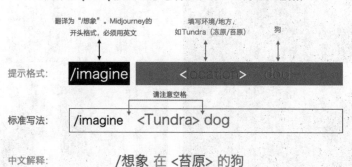

图2.69　提示词写作公式

例1：Tundra（苔原），如图2.70所示。

提示词：/imagine ＜Tundra＞ dog

例2：Salt Flat（盐滩），如图2.71所示。

提示词：/imagine ＜Salt Flat＞ dog

图2.70　苔原

图2.71　盐滩

例3：Jungle（丛林），如图2.72所示。

提示词：/imagine ＜Jungle＞ dog

例4：Desert（沙漠），如图2.73所示。

提示词：/imagine ＜Desert＞ dog

图2.72　丛林

图2.73　沙漠

例5：Mountain（山峰），如图2.74所示。

提示词：/imagine <Mountain> dog

例6：Cloud Forest（云雾深林），如图2.75所示。

提示词：/imagine <Cloud Forest> dog

图2.74　山峰

图2.75　云雾深林

第3章

成为提示词工程师及指令示范

在上一章我们掌握了最简单的AI绘画技巧，本章将带你进入提示词工程师的世界。这有点像哈利·波特手中的魔法棒、神话传说中的咒语，能够通过语言和文字点石成金。通过学习和掌握AI绘画的核心技术——"prompt（提示词）"，你将从此彻底告别90%的普通人行列，成为AI绘画专家。

关于提示词，此处举个例子。

如果你想要生成一幅豹子的图片，只需输入"豹子"的指令，等待一分钟，系统就会随机生成一个图像，如图3.1所示。这是最基础的指令。

我们可以看到，如果不添加任何额外命令描述，生成的图像会有很大的随机性，可能不符合你的预期。因此，我们需要输入更加详细的文字描述。

图3.1　随机生成的豹子图像

如图3.2所示，输入提示词：蓝色花纹豹子，温柔可爱（输入时需将中文译为英文，本书省略英文翻译）。

生成图片，如图3.3所示。

图3.2　输入详细提示

图3.3 新生成豹子图像

提示词是与AI对话的核心指令。在Midjourney中，可以说不懂提示，你就无法得到你想得到的任何照片。

3.1 标准提示写法

Midjourney的完整提示词由三个大的部分组成，如下：

图片部分＋文本部分＋参数部分

接下来让我们逐个学习每一个部分的知识点。

3.1.1 图片提示说明

图3.4 图片提示

一种比纯文字更高级的提示类型是将某张图像作为提示词的一部分，Midjourney在生成新图像时会考虑该图像的风格，图片提示如图3.4所示。

AI 绘画基础与商业实战

写法：你需要将图片的URL放在文本提示词之前，Midjourney会生成与该图像风格相似的图片。

数量：可以是单张或多张图片。

格式：必须是PNG、GIF或JPG格式。

注意：如果是多个图片URL，两段URL及URL与文字之间需要有空格以区分。如果是一张图像，至少需要配合一段文本提示词才能正常生成新的图像。如果是2个图片URL，则无须文本提示词也可以生成新的图像。无论是图与图的URL之间，还是图片的URL与文本提示词之间都需要有空格，否则会出错。

接下来我们用三张图片（无须任何文本提示词）生成一张新的图片。将如图3.5所示的三组图片的URL一起粘贴到Midjourney的输入框中，看看会生成什么样的图片。

图3.5　三组图片

下面是Midjourney根据上面提供的三组图片合成的新图片，如图3.6所示。

图3.6　合成的新图

图3.6 合成的新图（续）

使用图片提示时，需要注意以下几点。

（1）图片URL应放在文本提示词的前面。

（2）必须有两张图片或一张图片和额外的文本提示词组合才能生成新作品。

（3）图片URL必须是指向在线图片的直接链接。

（4）在大多数浏览器中，可以右击图像，然后选择复制图像地址以获取URL。

3.1.2 文字提示词说明

AI绘画工具使用难点在于提示词的描述和调试。使用者需要让AI绘画工具清楚理解自己的想法，才能让画面达到自己想要的效果。为此我们通过研究大量的案例，总结出一套适用于文本提示词的调试模型，以便使用者快速描述自己想要生成图片的效果。一般而言，一段完整的文本提示词，主要包含3个部分：主体内容+细节构成+风格流派，如表3.1所示。

表3.1 文本提示词的3个组成部分

主体内容（主题词）	细节构成（细节词）	风格流派（修饰词）
作品的主题 （第一句话说明）	色、形、质 环境及光照 镜头及画质 技术参数（如3D、Octane渲染器）	艺术家名 工作室名 艺术作品名 美术流派或风格名

完整的"万能"文本提示词公式如图3.7所示。

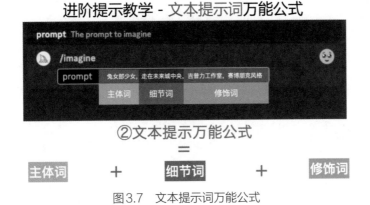

图3.7　文本提示词万能公式

1."万能"指令之提示词大全

（1）主体词范例如下。

例如，一个兔女郎走在狭小的走廊里。

（2）细节词范例如下。

环境：indoor（室内）、outdoor（户外）、on the moon（在月球上）、in Narnia（在纳尼亚）、underwater（水下）、the Emerald City（翡翠城）、tundra（苔原）、salt flat（盐滩）、jungle（丛林）、desert（沙漠）、mountain（山）、cloud forest（云雾深林）、savannah（热带稀树草原）、wetland（湿地）、estuary（河口）、fjord（峡湾）、steppe（草原）、dune（沙丘）、oasis（绿洲）、bay（海湾）、hill（山丘）、delta（三角洲）、cave（洞穴）、volcano（火山）、waterfall（瀑布）、beach（海滩）、cliff（悬崖）等，具体如on the beach at sunset（在夕阳下的海滩）这样更佳。

情绪：determined（坚定的）、happy（欢乐的）、sleepy（瞌睡的）、angry（愤怒的）、shy（害羞的）、embarrassed（尴尬的）、sedate（镇定的）、calm（平静）、energetic（精力充沛）等。如果提示词中有人物或动物，这些词会被应用在表情上，也可能被应用于整体画面中。

构图：portrait（肖像画）、headshot（头部特写）、half-body portrait（半身像）、closeup（特写）、Full body shot（全身照）、two-thirds shot（三分之二侧身照）、action shot（动作镜头）、landscape photos（风景照）、still life shot（静物镜头）等。

视角：top view（俯视）、aerial view（鸟瞰图）、horizontal angel（水平角度）、

looking up（仰视）、front view（正面视图）、side view（侧视图）、back view（背视图）、perspective（透视图）、POV（视点镜头）等。

照明：soft（柔和的）、ambient（环境光）、overcast（阴天的）、neon（霓虹灯）、studio lights（工作室灯）等。

色调：vibrant（鲜艳的）、muted（暗淡的）、bright（明亮的）、monochromatic（单色的）、colorful（多彩的）、black and white（黑白的）、pastel（柔和的）等。

色彩：millennial pink（千禧粉）、acid green（柠檬绿）、desaturated（褪色的）、canary yellow（金丝雀黄）、peach（桃红色）、two toned（双色调）、pastel（柔和色彩）、mauve（淡紫色）、ebony（乌木色）、neutral（中性色）、neon color（霓虹色）、green tinted（绿色调色）。

技巧手法：life drawing（写生）、continuous line（持续线条）、loose gestural（自由手绘）、blind contour（盲描）、chiaroscuro（明暗对比）、charcoal sketch（炭笔素描）等，可以对艺术形式作为补充，也可以单独使用。

（3）修饰词范例如下。

年代：1700s、1800s、1900s、1910s、1920s、1930s、1940s、1950s、1960s、1970s、1980s、1990s等，可以强化画风。

最受欢迎的10个艺术家：莱昂纳多·达·芬奇（Leonardo da Vinci）、文森特·梵高（Vincent van Gogh）、巴勃罗·毕加索（Pablo Picasso）、萨尔瓦多·达利（Salvador Dali）、克劳德·莫奈（Claude Monet）、弗里达·卡罗（Frida Kahlo）、安迪·沃霍尔（Andy Warhol）、乔治亚·欧姬芙（Georgia Totto O'Keeffe）、瓦西里·康定斯基（Wassily Kandinsky）、班克西（Banksy）。

10个西方艺术风格流派：现实主义（Realism）、印象派（Impressionism）、点彩派（Pointillism）、新艺术（Art Nouveau）、后印象派（Post-Impressionism）、野兽派（Fauvism）、风格派（De Stijl）、表现主义（Expressionism）、抽象派（Abstract Painting）、立体主义（Cubism）。

10个知名的工作室：吉卜力工作室（Studio Ghibli）、蓝天工作室（Blue Sky Studio）、彼得·保罗·鲁本斯工作室（Peter Paul Rubens Studio）、杨·范·艾克工作室（Jan van Eyck Studio）、米开朗琪罗工作室（Michelangelo Studio）、亨利·马蒂斯工作室（Henri Matisse Studio）、安迪·沃霍尔工作室（Andy Warhol Studio）、弗朗西斯科·戈雅工作室（Francisco Goya Studio）、文森特·梵高工作室（Vincent van Gogh Studio）、莱昂纳多·达·芬奇工作室（Leonardo da Vinci Studio）。

注：艺术形式是定义风格的最佳方法之一。

当然，风格提示词有很多，完全不局限于上述这些单词及表述形式。后文我们将结合实例继续进行深入分析。

2."万能"指令之常用的关键词（简写）

主题：person, animal, character, location, object（人、动物、角色、位置、对象）。

媒介：photo, painting, illustration, sculpture, doodle, tapestry（照片、绘画、插画、雕塑、涂鸦、挂毯）。

环境：indoor, outdoor, on the moon, in Narnia, underwater, the Emerald City（室内、室外、在月球上、纳尼亚、水下、翡翠城）。

照明：(soft, ambient, overcast, neon, studio) lights（柔和光、环境光、阴天、霓虹灯、工作室灯）。

颜色：vibrant, muted, bright, monochromatic, colorful, black and white, pastel（鲜艳、柔和、明亮、单色、彩色、黑白、柔和）。

情绪：sedate, calm, energetic（稳重、平静、精力充沛）。

构图：portrait, headshot, closeup（肖像、头部特写、特写）。

3.1.3 常用参数介绍

参数：改变图像的生成方式，指定宽高比、模型、风格等。参数位于提示词的末尾，如图3.8所示。

图3.8 参数介绍

参数面板：调出方法为在Discord的Midjourney绘画频道输入框中键入/settings 可以调出如下参数面板，如图3.9所示。

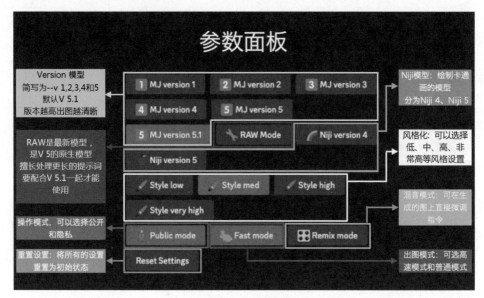

图3.9　参数面板

部分参数介绍如下。

（1）Version模型，版本越高，出图质量越高。

（2）Niji模型，适合生成漫画风格的图片。

（3）风格化，可以选择低、中、高、非常高等风格设置。

（4）操作模式，可以选择公开和隐私模式。

（5）混音模式，可在生成的图片上直接微调指令。

（6）出图模式，可选择高速模式和普通模式。

接下来我们逐一对常用参数进行介绍。

1. --version或--v（版本）

目前Midjourney共推出了五个大版本，默认版本为5.1，不可与Niji模型同用，不同版本的模型生成的图片效果如图3.10所示。

提示词：充满活力的法国玫瑰花

V1版本 V2版本 V3版本

V4版本 V5版本

图3.10 不同版本生成图片

从上面几张图我们可以明显看出 Midjourney 有了以下变化。

一是图片的细节越来越丰富，生成的内容也越来越真实。V1 版本和 V2 版本基本上就是简笔画，V2 版本的前景和背景处理得很粗糙，到了 V3 版本，背景和透视都变得更加合理，V4 及之后版本生成的图片才基本可用。

二是分辨率越来越高。V1～V3 版本的分辨率是 256×256，到了 V5 版本则达到了 1024×1024。

三是参数更多，提示更加重要，这在 V5 版本体现得更加明显，以前的版本，并不太能理解一些提示，比如材料。

四是艺术风格提示变得更重要。这个结论暂时没有得到官方的认证，甚至有很多人认为 V5 版本是个更通用的版本。笔者的理解是由于 V5 版本被"预喂"了很多图，所以就算不输入太多提示，也能生成不错的图片。但如果你想要生成一张更符合你预期的图，那么你就要输入更多的提示。

2. Niji模型

Niji模型是 Midjourney 跟 Spellbrush 一起开发的。"niji"在日语中写作"にじ"，意思是"彩虹"或"二次元"。

它是专为生成卡通动漫类图片而设计的。这里输入提示"金刚鹦鹉"，可以看出相比 V5 模型，Niji 5 模型生成的图片更偏向漫画风格，如图3.11所示。

V5模型　　　　　　　　　　　　　　Niji 5模型

图3.11　Niji 5模型与V5模型生成图对比

3. --aspect或--ar（图像纵横比例参数）

该参数可以改变生成图像的长宽比。它通常用两个数字表示，用冒号隔开，如7:4或4:3，默认为1:1，不同版本略有差异。

正方形图像的宽度和高度相等，长宽比为1:1。图像尺寸可以是1000×1000或1500×1500。一个计算机屏幕的比例可能是16:10，宽度是高度的1.6倍，所以图像尺寸可以是1600×1000、4000×2000、320×200等。

长宽比必须使用整数，比如使用139:100而不是1.39:1。

以下是一些常见的比例。

◎ --ar 1:1：默认纵横比。

◎ --ar 5:4：常见的框架和打印比例。

◎ --ar 3:2：横板名片中常见。

◎ --ar 7:4：接近于高清电视屏幕比例。

◎ --ar 16:9：手机屏幕比例。

下面我们演示上面这几种比例，如图3.12所示。

提示词：充满活力的法国玫瑰花

--ar 1:1   --ar 5:4

--ar 3:2   --ar 7:4   --ar 9:16

图3.12　不同长宽比对比的玫瑰花

4. --chaos或--c（混乱＆多样性）

该参数的取值范围为0～100，默认值为0。数值越高随机性更大。较低的--c
值可以产生更稳定和可重复的输出内容。

5. --quality或--q（清晰度）

清晰度参数为0.25，0.5，1，2，分别代表一般、清晰、高清、超高清，默认
值为1。

6. --style（风格）

参数样式"4a、4b、4c"，V4版本可用；参数expressive、cute在Niji 5版本中

可用。

7. --stylize 或 --s（风格化）

低风格化值生成的图像与提示非常匹配，但艺术性较差。高风格化值生成的图像非常具有艺术性，但与提示的联系较少。

--stylize的默认值为100，并且在使用默认V4模型时接受0～1000的整数值。

不同的Midjourney版本有不同的风格化范围，如表3.2所示。

表3.2　不同的风格化范围

版本	Version5	Version4	Version3	Test/Testp	Niji
风格化默认值	100	100	2500	2500	不可用
风格化范围	0～1000	0～1000	625～60000	1250～5000	不可用

风格化设置案例如下。

提示词：蓝莓

V5模型的不同风格化参数效果图如图3.13所示。

　　--s 0　　　　　　　　　--s 100（默认）　　　　　　　　--s 250

图3.13　V5模型效果图

8. 其他参数

◎ --seed参数可以为0～4294967295的整数，可自定义一个数值配合--sameseed参数使用。

◎ --sameseed参数可以为0～4294967295的整数，可自定义一个数值配合--seed参数使用。

◎ --tile参数为空。

常用参数用法总结如表3.3所示。

表3.3　常用参数用法说明表

中文名	英文名	说明/用法/参数	兼容性
模型版本	--version 或 --v	参数1、2、3、4、5，默认为V5.1，写法 --V4/--V5/--V5.1	不可与Niji模型同用
卡通版本	-nijj	参数为空或5，默认为空，写作 --niji 4/--niji 5	不可与版本模型同用
纵横比	-aspect 或 --ar	参数默认为1:1，写作 --ar 3:4/--ar 1:1/--ar 16:9	不同版本略有差异，详见Midjourney机器人提示
多样性	--chaos 或 --c	参数范围0～100，默认为0，写作 --c 50/--c 100	
清晰度	--quailty 或 --q	参数分别为0.25、0.5、1、2，分别代表一般、清晰、高清、超高清，默认为1，写作 --q 0.25/0.5/0.75/1/2	
风格	--style	参数为4a、4b、4c，写作 --style 4a/4b/4c。参数 expressive,cute，写作 --niji 5 --style expressive/cute	4a、4b、4c在V4版本可用，expressive、cute在Niji 5版本可用
风格化	--stylize 或 --s	参数1～1000，写作 --s 500/--s 750/--s 1000	
随机种子数	--seed	参数范围为0～4294967295，可自定义一个数值配合 --sameseed 参数使用，写作 --seed 123456	
相同种子	--sameseed	参数范围为0～4294967295，可自定义一个数值配合 --seed 参数使用，写作 --seed 123456	
平铺	--tile	参数为空，写作 --tile	
停止	--stop	参数范围为0～100%，生成到多少百分比停止，写作 --stop 100	
否定	--no	不想在画面中出现什么，可写作 --no text（不出现文字）	

3.2 3个例子快速撰写提示词

下面我们给出3个例子：男人和龙、时尚女模特、电商产品。每个例子分别采用3种绘画风格，以帮助读者快速掌握提示词的撰写技巧。

3.2.1 男人和龙

1. 时尚摄影风格

提示词：时尚摄影，一人一龙，时装模特，时尚杂志，Gucci（古驰）模特，天蓝色和深蓝色，电影剧照，大胆活力。

效果如图3.14所示。

图3.14 时尚摄影风格

2. 插画风格

提示词：平面插画，一人一龙，时装模特，时尚杂志，Gucci模特，天蓝色和深蓝色，电影剧照，大胆而充满活力。

效果如图3.15所示。

图3.15 插画风格

3. 皮克斯风格

提示词：皮克斯风格，一人一龙，时装模特，时尚杂志，Gucci模特，天蓝色和深蓝色，电影剧照，大胆活力，辛烷渲染，混合器 --ar 1:1 --style expressive。

效果如图3.16所示。

图3.16　皮克斯风格

3.2.2　时尚女模特

1. 街头摄影风格

提示词：街头摄影，街头时尚女模特，背景为城市，半身像，高细节。

效果如图3.17所示。

图3.17　街头摄影

2. 插画风格

提示词：插画风格，街头时尚女模特，背景为城市，半身像，高细节。

效果如图3.18所示。

图3.18　插画风格

3. 皮克斯风格

提示词：皮克斯风格，街头时尚女模特，城市背景，半身像，高细节，辛烷渲染，混合器 --ar 1：1 --style expressive。

效果如图3.19所示。

图3.19　皮克斯风格

3.2.3　电商产品

1. 产品摄影风格

提示词：产品摄影，果汁，50mm镜头，明亮的背景，超级详细。

效果如图3.20所示。

图3.20　产品摄影

2. 平面插图风格

提示词：平面插画，果汁，50mm镜头，明亮的背景，超级详细。

效果如图3.21所示。

图3.21　平面插画

3. 皮克斯风格

提示词：皮克斯风格，果汁，50mm镜头，明亮的背景，超级详细，辛烷渲染，混合器，--ar 1∶1 --style expressive。

效果如图3.22所示。

图3.22　皮克斯风格

02

第 2 篇

AI 绘画的应用落地实战

第4章

AI绘画有趣的应用场景之食品

本章节我们精选了精彩的实物画面，希望能给读者带来身临其境的视觉感受。

 ## 4.1 现烤牛排

提示词：食品摄影，中等熟度的现烤牛排，高火焰，淡淡的配菜，摆在餐盘上，史诗般的灯光，景深效果。

主题：美食摄影。

主体词：食品摄影，中等熟度的现烤牛排。

细节词：高火焰，淡淡的配菜，摆在餐盘上。

修饰词：史诗般的灯光，景深效果。

生成图片效果如图4.1所示。

图4.1　现烤牛排

你可以尝试替换主体词的部分或全部描述，以生成你自己的作品。例如，你可以改变牛排的烹调方式，或者调整配菜和摆盘的样式，以创造不同的视觉效果。

 ## 4.2 在空中散开的汉堡

提示词：食品摄影，汉堡侧视解构图，包括番茄、奶酪、牛肉等食物，具有景深效果。

主题：美食摄影。

主体词：食品摄影、汉堡。

细节词：番茄、奶酪、牛肉。

修饰词：解构图、景深效果。

生成图片效果如图4.2所示。

图4.2 在空中散开的汉堡

你可以尝试替换主体词的部分或全部描述，以生成你自己的作品。例如，你可以改变汉堡的配料，或者调整拍摄角度和摄影技巧，以创造不同的视觉效果。

落水的水果特写

提示词：高速摄影，慢动作表现形式，西瓜落入水中的场景。

主题：高速摄影。

主体词：西瓜。

细节词：慢动作、落入水中。

生成图片效果如图4.3所示。

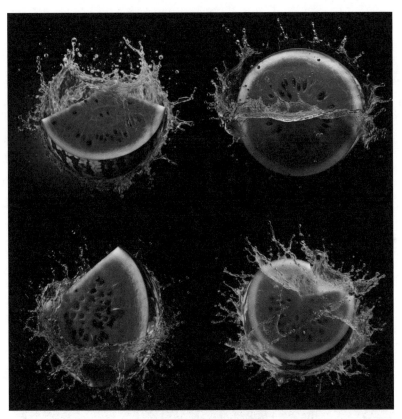

图4.3 落水的水果特写

你可以尝试替换主体词的部分或全部描述，以生成你自己的作品。例如，你可以尝试将西瓜换成其他的水果或物品，或者在不同的环境中进行拍摄，以创造不同的视觉效果。

4.4 有水珠的水果特写

提示词：带有水珠的橙子，浅景深，水果摄影。

主题：美食摄影。

主体词：带有水珠的橙子。

细节词：浅景深。

修饰词：水果摄影。

生成图片效果如图4.4所示。

图4.4　有水珠的水果特写

你可以尝试替换主体词的部分或全部描述，比如使用不同类型的水果，如苹果或草莓，或尝试在不同的环境中拍摄，如室外阳光下或室内柔和的光线下。

空中的彩色冰激凌

提示词：空中的彩色冰激凌，浅景深，美食摄影。

主题：美食摄影

主体词：空中的彩色冰激凌。

细节词：浅景深。

修饰词：美食摄影。

生成图片效果如图4.5所示。

图4.5　空中的彩色冰激凌

你可以尝试替换主体词的部分或全部描述，比如改变冰激凌的颜色或形状，或者尝试将冰激凌置于不同的环境中，如海滩、公园或城市街头。

第5章

AI绘画有趣的应用场景之服装

在这个时尚多变的世界中，服装设计是一门充满创意和个性的艺术。本章我们将一起探索如何利用AI绘画技术为服装设计带来新的可能性，以及将AI绘画技术与传统设计相结合，创造出独特而引人注目的作品。

5.1 穿着汉服的卡通3D女孩

提示词：可爱女孩的3D作品，可爱的脸和眼睛，中国女孩，中国唐代汉服，洛可可风格的肖像，迷人的动漫人物，太阳光照在上面，工作室灯光，背景的焦距是35mm，3D，C4D，混合器，辛烷渲染，超高清8K。

主体词：可爱女孩的3D作品。

细节词：可爱的脸和眼睛，中国女孩，中国唐代汉服。

修饰词：洛可可风格的肖像，迷人的动漫人物，太阳光照在上面，工作室灯光，背景的焦距是35mm，3D，C4D，混合器，辛烷渲染，超高清8K。

生成图片效果如图5.1所示。

你可以尝试替换主体词的部分或全部描述。例如，可以选择其他的历史时期。也可以尝试使用不同的3D艺术风格，如宫崎骏的动漫风格。在背景焦距上也可以有所变化，比如使用50mm。

图5.1　穿着汉服的卡通3D女孩

5.2 穿着时装的可爱女孩半身3D作品

提示词：可爱女孩的半身3D作品，可爱的脸和眼睛，中国女孩，多色雪纺上衣和牛仔短裤，洛可可式的肖像，迷人的动漫人物风格，太阳光照在上面，工作室灯光，背景的焦距是35mm，C4D，混合器，辛烷渲染，超高清8K。

主体词：可爱女孩的半身3D作品。

细节词：可爱的脸和眼睛，中国女孩，多色雪纺上衣和牛仔短裤。

修饰词：洛可可式的肖像，迷人的动漫人物风格，太阳光照在上面，工作室灯光，背景的焦距是35mm，C4D，混合器，辛烷渲染，超高清8K。

生成图片效果如图5.2所示。

图5.2　穿着时装的可爱女孩半身3D作品

你可以尝试替换主体词的部分或全部描述。例如，可以选择其他的时尚服饰，如Marc Jacobs（马克·雅克布）的迷你裙。同时，也可以尝试使用不同的3D艺术风格，如宫崎骏的动漫风格。在背景焦距上也可以有所变化，比如使用50mm焦距。

5.3 穿着时尚冲锋衣的卡通3D男模

提示词：戴太阳镜的全身男模，虚拟服装，运动风格，中国男孩，红黑配色，多口袋结构外套，工作室灯光，高精度，完美的灯光，辛烷渲染，混合器，超高清8K。

主体词：戴太阳镜的全身男模。

细节词：虚拟服装，运动风格，中国男孩，红黑配色，多口袋结构外套。

修饰词：工作室灯光，高精度，完美的灯光，辛烷渲染，混合器，超高清8K。

生成图片效果如图5.3所示。

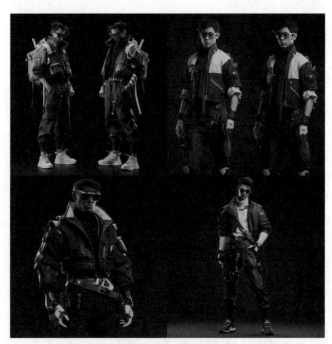

图5.3　穿着时尚冲锋衣的卡通3D男模

你可以尝试替换主体词的部分或全部描述。例如，可以改变模特的配饰，比如换成戴帽子的男模特。服装也可以进行调整，比如换成红白配色的运动衫。同时，也可以尝试使用不同的渲染工具，比如使用Keyshot渲染器。在视角上也可以有所变化，比如使用侧视角。

5.4 嘻哈风格卡通3D角色

提示词：背包，戴帽子，跑步姿势，Fear of God、North Face、Nike，紫色配色方案，宽松版型和功能风格，自然光线，高精度，完美光照，辛烷渲染，混合器，超高清8K。

主体词：背包，戴帽子，跑步姿势。

细节词：Fear of God，North Face，Nike，紫色配色方案，宽松版型和功能风格。

修饰词：自然光线，高精度，完美光照，辛烷渲染，混合器，超高清8K。

生成图片效果如图5.4所示。

图5.4　嘻哈风格卡通3D角色

你可以尝试替换主体词的部分或全部描述。例如，可以改变模特的配饰，比如换成戴手表的模特。服装也可以进行调整，比如换成Adidas或Puma。同时，也可以尝试使用不同的颜色方案，比如蓝色配色方案。在光照上也可以有所变化，比如使用棚拍照明。

5.5 穿蓝色衣服的卡通女孩角色

提示词：大眼时尚女孩，穿着蓝色格子裙，干净的背景，8K，最佳质量，3D渲染，ZBrush，辛烷渲染，自然光照。

主体词：大眼时尚女孩。

细节词：穿着蓝色格子裙，干净的背景。

修饰词：8K，最佳质量，3D渲染，ZBrush，辛烷渲染，自然光照。

生成图片效果如图5.5所示。

图5.5 穿蓝色衣服的卡通女孩角色

你可以尝试替换主体词的部分或全部描述，比如换成穿着绿色连衣裙的女孩。你也可以尝试使用不同的渲染工具，如Cinema 4D。同时，你也可以在光照上有所变化，比如使用棚拍照明。

第6章

AI绘画有趣的应用场景之美术装置

美术装置是一种将艺术与空间相结合的设计形式。它通过独特的创意和视觉效果，为观众带来震撼和启发。在本章中，我们将介绍一些创新而有趣的美术装置设计。

通过本章的学习，我们将掌握如何运用AI绘画技术增强美术装置设计的创意和表现力，改变美术装置的设计流程和创作方式，从而为这些设计带来更多的可能性和惊喜。

让我们一起进入充满创意和想象力的AI绘画与美术装置设计世界，感受其中的奇思妙想吧！

 ## 6.1 高空视角下的可口可乐店面设计

提示词：高空视角下的可口可乐店面设计，8K UHD高质量反射和折射效果，人们站在一个大型的荧光绿云形结构下，未来主义建筑风格，红色和荧光绿，不透明树脂面板，鼓胀的形状，真实的细节，Cinestill 50D，生态建筑。

主体词：高空视角下的可口可乐店面设计。

细节词：8K UHD高质量反射和折射效果，人们站在一个大型的荧光绿云形结构下。

修饰词：未来主义建筑风格，红色和荧光绿色，不透明树脂面板，鼓胀的形状，真实的细节，Cinestill 50D，生态建筑。

生成图片效果如图6.1所示。

你可以尝试替换主体词的部分或全部描述。例如，你可以将可口可乐店面设计更换为其他品牌店面设计；或者更改颜色方案，如将红色和荧光绿更改为其他颜色组合。你还可以更改建筑的形状，如将鼓胀的形状更改为几何形状。在渲染分辨率上，你可以尝试使用其他选项，如4K UHD。

图6.1 高空视角下的可口可乐店面设计

6.2 现代化路易威登店面设计

提示词：现代化路易威登店面，整个建筑被一层长而淡的黄绿色蓬松层覆盖，位于两块岩石之间，看起来像膨胀的机器人，超高清8K。

主体词：现代化路易威登店面。

细节词：整个建筑被一层长而淡的黄绿色蓬松层覆盖，位于两块岩石之间。

修饰词：看起来像膨胀的机器人，超高清8K。

生成的图片效果如图6.2所示。

图6.2 现代化路易威登店面设计

你可以尝试替换主体词的部分或全部描述。例如，你可以将路易威登店面更换为其他品牌店面；或者更改颜色方案，如将黄绿色更改为淡蓝色。你还可以更改建筑的形状，如将膨胀的机器人形状更改为流线型设计。在渲染分辨率上，你可以尝试使用其他选项，如4K UHD。

6.3 音乐视频风格

提示词：由Leo Harvey Ivanova制作的音乐视频，霓虹灯网格，镜面房间的风格，灵感来源于Kazuki Takamatsu（高松和树）和Elizabeth Gadd（伊丽莎白·加德）的作品，淡黑色和深天蓝色，对称图形，概念性的极简主义风格。

主体词：由Leo Harvey Ivanova制作的音乐视频。

细节词：霓虹灯网格，镜面房间的风格，灵感来源于Kazuki Takamatsu和Elizabeth Gadd的作品。

修饰词：淡黑色和深天蓝色，对称图形，概念性的极简主义风格。

生成图片效果如图6.3所示。

图6.3　音乐视频风格

你可以尝试替换主体词的部分或全部描述，如将music视频更换为其他类型的视频，如动画视频。你也可以更改视频的风格，如将霓虹灯网格更改为像素艺术，或者将镜面房间更改为虚拟现实空间。你还可以改变颜色方案，如将淡黑色和深天蓝色更改为淡蓝色和深紫色。对于图形和风格，你也可以将对称图形更改为抽象图形，或者将概念性的极简主义更改为超现实主义。

第7章

AI绘画有趣的应用场景之图标

图标是一种简洁而又具有辨识度的视觉符号，它在品牌标识、应用程序、网站等各个领域中扮演着重要角色。在本章中，我们将介绍一些有趣且富有创意的图标设计。

7.1 简单字母图标

提示词：由字母R制作而成的简单标志，黑色矢量白色背景。

主体词：由字母R制作而成的简单标志。

细节词：黑色矢量白色背景。

生成的图片效果如图7.1所示。

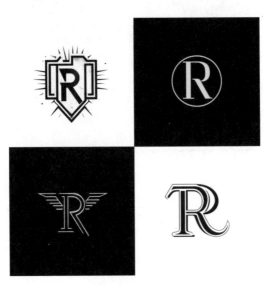

图7.1　字母图标

7.2 猫咪图标

提示词：可爱猫咪3D徽标，白色背景包括附加设计元素 --q 2。

生成图片效果如图7.2所示。

图7.2 猫咪图标

7.3 熊猫吉祥物图标

提示词：一只正在吃竹子的可爱熊猫，全身照，泡泡玛特风格，Q版，萌系，可爱梦幻，盲盒风格，简洁矢量艺术，马卡龙色调，3D，C4D，辛烷渲染，混合器，高分辨率。

主体词：一只正在吃竹子的可爱熊猫。

细节词：全身照。

修饰词：泡泡玛特风格，Q版，萌系，可爱梦幻，盲盒风格，简洁矢量艺术，马卡龙色调，3D，C4D，辛烷渲染，混合器，高分辨率。

生成图片效果如图7.3所示。

图7.3 熊猫吉祥物图标

7.4 航空徽章图标

提示词：航空俱乐部的标志，矢量，简单，逼真的细节 --v 5。

生成图片效果如图7.4所示。

图7.4 航空徽章图标

7.5 宠物应用程序图标

提示词：扁平的移动应用程序图标，方形带圆边，宠物应用程序的图标，扁平化。

主体词：扁平的移动应用程序图标。

细节词：方形带圆边，宠物应用程序的图标。

修饰词：扁平化。

生成图片效果如图7.5所示。

图7.5　宠物应用程序图标

7.6 十二生肖应用程序图标

提示词：扁平的手机应用程序图标，圆形边缘为正方形，12生肖（鼠、牛、虎、兔、龙、蛇、马、羊、猴、鸡、狗、猪）应用程序图标。

生成图片效果如图7.6所示。

图7.6　十二生肖应用程序图标

(7.7)　人物头像图标

　　提示词：平面插画，包括微笑的中国人的圆形头像；插画应描绘各种年龄和性别的个体，有不同的面部特征和喜悦与满足的表情；每个头像都应该是独特的，但也要与这套作品的整体风格相协调；每幅插画的背景应该是朴实无华的，没有任何分散观众注意力的元素；插画的整体气氛应该是快乐的、积极的、令人振奋的，给人一种温暖和友好的感觉；这个提示可以用Adobe Photoshop创建的数字插画来实现，使用Wacom平板电脑来赋予人物纹理和深度；每幅插画都应创建在独立的图层上，并应使用精心挑选的颜色以保持整体外观的一致性 --niji 5 --ar 1∶1 --v 5。

　　生成图片效果如图7.7所示。

图7.7 人物头像图标

7.8 微信表情包

提示词：猪的各种表情，快乐，悲伤，愤怒，期待，笑，失望，娇嗔，表达爱意等，作为一套插画，黑色大眼睛，儿童画，卡哇伊美学，动态姿势，白色背景，插画 --niji 5 --style cute（风格可爱）。

生成图片效果如图7.8所示。

图7.8　微信表情包

第8章

AI绘画有趣的应用场景之电商

本章我们将介绍AI绘画在电商领域的有趣应用场景。电商平台上的丰富视觉内容极大地丰富了用户的购物体验,AI绘画技术的应用为电商企业提供了强大而高效的图像生成方案。

节日大促海报

提示词:中国新年假日电子商务海报,超大规模,仿古建筑,3D,32K,2D游戏艺术,经典配色,上视图,多色搭配,以金色和红色为主色。

主体词:中国新年假日电子商务海报。

细节词:超大规模,仿古建筑。

修饰词:3D,32K,2D游戏艺术,经典配色,上视图,多色搭配,以金色和红色为主色。

生成图片效果如图8.1所示。

图8.1 节日大促海报

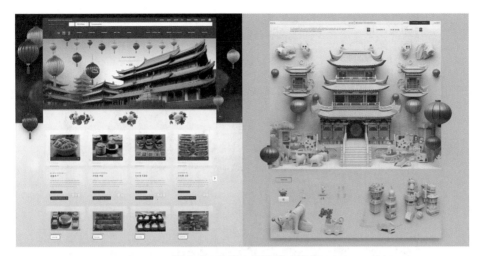

图8.1 节日大促海报(续)

你可以修改主题词为情人节、母亲节、购物节等,改变页面的基本主题元素,也可以对页面配色进行调整,从而实现不同的色彩风格。

8.1.1 母亲节海报

提示词:母亲节海报,平面插画,可爱的孩子赠送花朵给拥有大波浪头发、大眼睛的美丽母亲;带有窗户的温馨家庭客厅,具有丰富的层次感,透视,光暗对比,暖色调,明亮的背景。

主体词:母亲节海报。

细节词:平面插画,可爱的孩子赠送花朵给拥有大波浪头发、大眼睛的美丽母亲。

修饰词:带有窗户的温馨家庭客厅,具有丰富的层次感,透视,光暗对比,暖色调,明亮的背景。

生成图片效果如图8.2所示。

主题可以修改为其他节日,如父亲节或儿童节,主要人物也可以相应变为父亲或儿童。

图8.2　母亲节海报

8.1.2　情人节海报

提示词：情人节海报，平面插画，时尚情侣，两个亚洲人在吃晚餐，大波浪头发，闪亮的眼睛，浪漫，背景是客厅，具有丰富的层次，透视，光暗对比，明亮的背景。

主体词：情人节海报。

细节词：平面插画，时尚情侣，两个亚洲人在吃晚餐，大波浪头发，闪亮的眼睛，浪漫。

修饰词：背景是客厅，具有丰富的层次，透视，光暗对比，明亮的背景。

生成图片效果如图8.3所示。

图8.3 情人节海报

你可以考虑改变主题为其他节日，如圣诞节或感恩节。场景可以改变为餐厅或露天广场。主人公可以改为一家人或一群朋友，抑或改变人物的种族，如白人或非洲人。对于插画风格，你可以考虑改为立体插画或水彩插画。色彩可以尝试暖色调或冷色调。

8.1.3 节气海报

1.主题：谷雨插画

提示词：谷雨节气，有一个超级可爱的女孩在小嫩叶下面，小嫩叶上挂着小水珠；背景是乡村风光，微距视角，清新的绿色和蓝色搭配，细雨，传统中国风景画风格，孩子般的天真，多彩的动画定格画面，有机现代主义，梦幻，明亮的背景，画面顶部有空白，平面插图。

主体词：超级可爱的女孩，在小嫩叶下面。

细节词：小嫩叶上挂着小水珠，乡村风光背景。

修饰词：微距视角，清新的绿色和蓝色搭配，细雨，传统中国风景画风格，孩子般的天真，多彩的动画定格画面，有机现代主义，梦幻，明亮的背景，画面顶部有空白，平面插图。

生成图片效果如图8.4所示。

图8.4　谷雨时节平面插图

2. 主题：谷雨3D角色

提示词：皮克斯风格3D角色，谷雨节气，一个超级可爱的女孩在小芽和叶子下，小芽和叶子上挂着小水珠；背景是田园风光，微距视角，清新的绿色和蓝色配色方案，细雨，传统中国风景画风格，孩子般的天真，多彩的动画静止画面，超详细，美学，美丽的构图，丰富明亮的色彩，柔和的光线；受《爱丽丝梦游仙境》、魔法、童话的启发；虚幻引擎，辛烷渲染，3D渲染，Adobe Photoshop，美丽，可爱。

　　主体词：一个超级可爱的女孩在小芽和叶子下。

　　细节词：小芽和叶子上挂着小水珠，田园风光背景。

　　修饰词：微距视角，清新的绿色和蓝色配色方案，细雨，传统中国风景画风格，孩子般的天真，多彩的动画静止画面，超详细，美学，美丽的构图，丰富明亮的色彩，柔和的光线。

　　生成图片效果如图8.5所示。

图8.5　谷雨3D角色

你还可以尝试如下节气提示词。

主题：立夏3D人物

提示词：全身，帅气的皮克斯风格的3D人物，一个可爱的小男孩站在绿色的麦田中，天气凉爽多云，微风吹过，水车和风车，田园背景，微距视角，传统中国风景画风格，孩子般的天真，多彩的动画静止画面，超级详细，美学，美丽的构图，受《爱丽丝梦游仙境》、魔法、童话的启发；虚幻引擎，辛烷渲染，3D渲染，Adobe Photoshop，令人敬畏，美丽，可爱。

主题：清明节田园风光插画

提示词：清明节，一个可爱的小男孩正在田野上骑牛，乡村景色，细雨，水车和风车，传统中国风景画风格，童真，五彩的动画画面，有机现代主义，靛蓝，明亮的背景，远视图，画面顶部有空白，平面插画。

主题：清明节皮克斯风格的3D角色插画

提示词：清明节，一个可爱的小男孩在田野中骑牛，全身，皮克斯风格；背景是田园风光，微距视角，细雨，水车，风车，传统的中国风景画风格，童真，多彩的动画画面，超详细，美学，美丽的构图，丰富明亮的色彩，柔和的光线；受《爱丽丝梦游仙境》、魔法、童话的启发；虚幻引擎，辛烷渲染，3D渲染，Adobe Photoshop，令人敬畏，美丽，可爱。

主题：芒种插画

提示词：一个可爱的小男孩站在绿色的麦田中，天气凉爽多云，有微风吹过，水车和风车，中国传统山水画风格，童真，多彩的动画定格，有机现代主义，幻想，靛蓝，明亮的背景，远景，画面顶部有空白，平面插画。

(8.2) 产品包装图

● 8.2.1 巧克力包装

提示词：巧克力包装，产品摄影，景深，强烈的背景虚化。

主体词：巧克力包装。

细节词：产品摄影。

修饰词：景深，强烈的背景虚化。

生成图片效果如图8.6所示。

图8.6　巧克力包装

8.2.2　月饼包装

提示词：中国蓝色月饼包装产品摄影，景深，强烈的背景虚化。

主体词：中国蓝色月饼包装。

细节词：产品摄影。

修饰词：景深，强烈的背景虚化。

生成图片效果如图8.7所示。

图8.7 月饼包装

8.2.3 牛奶瓶包装设计

提示词：牛奶瓶包装产品摄影，包装图案是梵·高肖像，景深。

主体词：牛奶瓶包装。

细节词：产品摄影，包装图案是梵·高肖像。

修饰词：景深。

生成图片效果如图8.8所示。

图8.8　牛奶瓶包装

(8.3) 产品真实拍摄+各种渲染效果

(8.3.1) 模特手持产品摄影作品

现在我们做一个电商产品的真实拍摄+渲染效果演示，用于制作推广海报或产品详情页。垫图原图如图8.9所示。

提示词：垫图URL 亚洲模特手持小瓶香奈儿香水的产品摄影，浅蓝色风格，透明，时尚模特，水滴风格，时尚杂志，Gucci模特，天蓝色和深蓝色，电影剧照，大胆和鲜艳，Ferrania P30，3D渲染，C4D。

主体词：亚洲模特手持小瓶香奈儿香水。

细节词：产品摄影。

修饰词：浅蓝色风格，透明，时尚模特，水滴风格，时尚杂志，Gucci模特，天蓝色和深蓝色，电影剧照，大胆和鲜艳，Ferrania P30，3D渲染，C4D。

生成图片效果如图8.10所示。

图8.9　垫图原图

图8.10　模特手持产品摄影作品

AI绘画基础与商业实战

8.3.2 放置在桌面上的静态香水摄影作品

提示词：垫图URL 香奈儿香水瓶，皇冠瓶盖，摆在现代桌面上，意大利经典室内房间，超现实的工作室照明，8K，哈苏相机拍摄，蔡司镜头，鲜艳的色彩，闪亮的瓶子，香水产品摄影，景深。（垫图URL请自行选择，它与提示词之间需要留一个空格，请注意）

主体词：香奈儿香水瓶，皇冠瓶盖。

细节词：产品摄影。

修饰词：摆在现代桌面上，意大利经典室内房间，超现实的工作室照明，8K，哈苏相机拍摄，蔡司镜头，鲜艳的色彩，闪亮的瓶子，景深。

生成图片效果如图8.11所示。

图8.11　放置在桌面上的静态香水

8.4 服装模特

垫图的原图如图8.12所示。

提示词：垫图URL 全身，一个模特在T台上走秀，穿着黄色连衣裙和靴子，单色，时尚而先进的风格。

主体词：模特，黄色连衣裙和靴子。

细节词：全身，走秀。

修饰词：单色，时尚而先进的风格。

生成图片效果如图8.13所示。

图8.12 原图

图8.13 服装模特

8.5 产品拆解图

8.5.1 手表零件拆解图

提示词：爆炸视图，手表零部件，32K超高清，巨大规模，THX音效，李铁夫。

主体词：手表零部件。

细节词：爆炸视图。

修饰词：32K超高清，巨大规模，THX音效，李铁夫。

生成图片效果如图8.14所示。

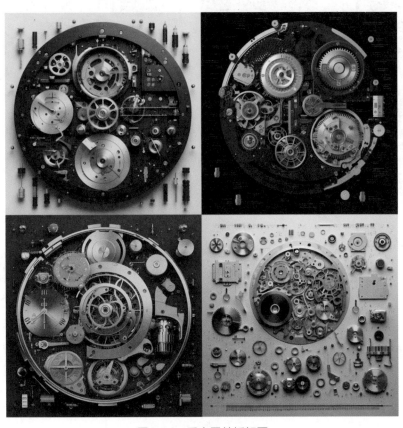

图8.14　手表零件拆解图

8.5.2 手机零件拆解图

提示词：手机和零部件，平面布局摄影，整齐地排列，3D渲染，C4D，超级质量，超高清，超高清8K。

主体词：手机和零部件。

细节词：平面布局摄影，整齐地排列。

修饰词：3D渲染，C4D，超级质量，超高清，超高清8K。

生成图片效果如图8.15、图8.16所示。

图8.15　手机零件拆解图-1

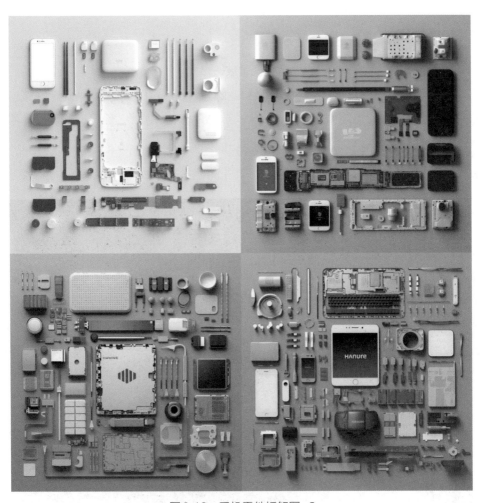

图8.16 手机零件拆解图-2

8.6 产品特写

8.6.1 超级跑车

提示词：宽视角，一个巨大的蓝色能量波在火星上扫过，超级跑车在火星上，极光，电影光线，自然光线，超现实，超细致，极其复杂，质感丰富，逼真的光线追踪全局光照，光学，散射，发光，阴影，粗糙，闪烁，屏幕空间反射。

　　主体词：超级跑车。

　　细节词：在火星上，巨大的蓝色能量波，极光。

　　修饰词：宽视角，电影光线，自然光线，超现实，超细致，极其复杂，质感丰富，逼真的光线追踪全局光照，光学，散射，发光，阴影，粗糙，闪烁，屏幕空间反射。

　　生成图片效果如图8.17所示。

图8.17　超级跑车

8.6.2 手提包

提示词：特写，香奈儿手提包被缤纷的鲜花包围，4K，3D，辛烷渲染，有趣，棕色，粉色，绿色，浅紫色，时尚产品摄影，大气，朴实，超现实，超清细节。

主体词：香奈儿手提包。

细节词：被缤纷的鲜花包围。

修饰词：特写，4K，3D，辛烷渲染，有趣，棕色，粉色，绿色，浅紫色，时尚产品摄影，大气，朴实，超现实，超清细节。

生成图片效果如图8.18所示。

图8.18　手提包

第9章

AI绘画有趣的应用场景之微型世界

本章我们将探索AI绘画技术在微型世界创作中的应用。微型世界指利用细节放大、景深缩短等技术手段，将真实世界中的场景打造成模型般的"微型"版本。这一手法极大地拓宽了创作者的想象空间。

9.1 微场景－购物城

提示词：购物城，3D矢量，柔和的调色板风格，未来科技，规模宏大，丰富的色彩，金属，透明玻璃，柔和的光线，16K，虚幻引擎5，超级细节，3D渲染，混合器，C4D，辛烷渲染。

主体词：购物城，3D矢量。

细节词：透明玻璃，未来科技，规模宏大。

修饰词：柔和的调色板风格，丰富的色彩，金属，透明玻璃，柔和的光线，16K，虚幻引擎5，超级细节，3D渲染，混合器，C4D，辛烷渲染。

生成图片效果如图9.1所示。

图9.1 微场景－购物城

图9.1 微场景-购物城（续）

9.2 微场景-儿童乐园

提示词：儿童乐园，3D矢量，透明玻璃材料，移动雕塑，未来科技，规模宏大，五颜六色，金属，柔和光线，16K，细节丰富，虚幻引擎5，3D渲染，混合器，C4D。

生成图片效果如图9.2所示。

图9.2 微场景-儿童乐园

9.3 微场景-嘉年华

提示词：嘉年华，3D矢量，柔和的调色板风格，移动的雕塑，未来科技，宏伟的规模，丰富的色彩，金属，柔和的光线，16K，丰富的细节，虚幻引擎5，超级细节，3D渲染，混合器，C4D。

主体词：嘉年华，3D矢量。

细节词：移动的雕塑，未来科技，宏伟的规模。

修饰词：柔和的调色板风格，丰富的色彩，金属，柔和的光线，16K，丰富的细节，虚幻引擎5，超级细节，3D渲染，混合器，C4D。

生成图片效果如图9.3所示。

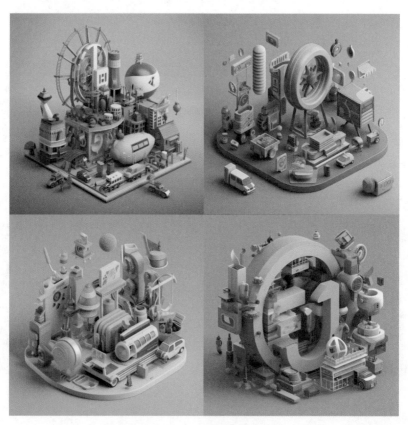

图9.3 微场景-嘉年华

9.4 微型世界–手机上的立体世界

提示词：移轴摄影，手机，一体式设计，几个人在健身，虚幻引擎5，俏皮的场景，深蓝色和绿色，卡通人物，高角度，淡紫色，辛烷渲染，混合器。

主体词：手机，几个人在健身。

细节词：一体式设计，俏皮的场景，卡通人物。

修饰词：虚幻引擎5，深蓝色和绿色，高角度，淡紫色，辛烷渲染，混合器。

生成图片效果如图9.4所示。

图9.4　微型世界–手机上的立体世界

微型世界-迷你汽车和建筑

提示词：移轴摄影，微型汽车，城市建筑，道路，干净的背景，卡通人物，高角度，淡紫色，辛烷渲染，混合器。

主体词：微型汽车，城市建筑，道路。

细节词：干净的背景，卡通人物。

修饰词：高角度，淡紫色，辛烷渲染，混合器。

生成图片效果如图9.5所示。

图9.5　微型世界-迷你汽车和建筑

第10章

AI绘画有趣的应用场景之教育

本章我们将探索AI绘画技术在教育领域的应用。随着教育方式的不断创新，AI生成的视觉内容为教学提供了更多的可能性。

(10.1) 儿童绘本

在本节中，我们将通过儿童绘本中的微距摄影案例，来感受AI是如何通过创作精美插画，帮助孩子们以生动有趣的方式学习知识的。

10.1.1 蜜蜂微距摄影

提示词：一只蜜蜂在花朵上，特写，精细的细节，高质量，8K，逼真，电影级插画。

主体词：一只蜜蜂在花朵上。

细节词：特写，精细的细节。

修饰词：高质量，8K，逼真，电影级插画。

生成图片效果如图10.1所示。

图10.1　蜜蜂微距摄影

你可以更换主体词的部分或全部描述，以生成你自己的微距摄影项目。例如，你可以更换主体（如一只蝴蝶在叶子上），或者改变拍摄的技术和视觉效果（如远景、大胆的色彩、4K、卡通风格、电视级）。

10.1.2 青蛙与植物特写

提示词：青蛙在溪流边，植物，花，特写，精细的细节，高质量，8K，逼真，电影级。

主体词：青蛙在溪流边。

细节词：植物，花，特写，精细的细节。

修饰词：高质量，8K，逼真，电影级。

生成图片效果如图10.2所示。

图10.2　青蛙与植物特写

10.2 童话角色

10.2.1 阿拉丁

提示词：阿拉丁，辛烷渲染，混合器 --style expressive。

主体词：阿拉丁。

修饰词：辛烷渲染，混合器 --style expressive（风格有表现力）。

生成图片效果如图10.3所示。

图10.3 阿拉丁

10.2.2 白雪公主

提示词：白雪公主，辛烷渲染，混合器 --ar 1:1 --style expressive。

主体词：白雪公主。

修饰词：辛烷渲染，混合器 --ar 1:1（横纵：1:1）--style expressive。

生成图片效果如图10.4所示。

图10.4　白雪公主

儿童填色本

提示词：儿童填色本，金鱼在海洋中游，卡通风格，粗线，低细节。

主体词：儿童填色本。

细节词：金鱼在海洋中游，粗线，低细节。

修饰词：卡通风格。

生成图片效果如图10.5所示。

图10.5　儿童填色本

你可以调整提示词中的某些关键词，比如把金鱼在海洋中游改为巨齿鲨在海洋中游，或孔雀、卡通人物在地上走等。

 古诗场景还原

10.4.1　李白的诗成图

李白的诗：床前明月光，疑是地上霜。举头望明月，低头思故乡。用ChatGPT生成如下提示词。

提示词：一个中国唐朝长发男子看着窗外的月亮，然后看向地面，思念他的家乡。图像应该捕捉到皎洁的月光，在地面上落下霜般的光芒，中国传统水墨画风格，唐朝古建筑。

主体词：唐朝长发男子，月亮。

细节词：月光，地面上的光芒，中国传统水墨画风格，唐朝古建筑。

修饰词：皎洁的，霜般的，唐朝古代。

生成图片效果如图10.6所示。

图10.6　李白的诗成图-1

你可以更换主体词的部分或全部描述，以生成自己的作品。例如，你可以更换人物（如唐朝的女子、宋朝的文人），或者改变场景和主题（如花鸟、山水）。示例如下。

提示词：在中国唐代传统环境中，诗人李白穿着古装，坐在床前抬头望着窗外皎洁的月亮，然后看向地面，思念着自己的故乡，画面浪漫、怀旧、深邃，应捕捉到皎洁的月光、地面上如霜的光辉及个人对故乡的深切思念，半身照，中国传统水墨画风格，沈周风格，徕卡 M10. --ar 3∶2 --V 6

生成图片效果如图10.7、图10.8所示。

图10.7　李白的诗成图-2

图10.8　李白的诗成图-3

10.4.2 王昌龄的诗成图

王昌龄的诗：秦时明月汉时关，万里长征人未还。但使龙城飞将在，不教胡马度阴山。用ChatGPT生成如下提示词。

提示词：月光下广袤的中国山水，远处是远征军的身影，一场决战即将在阴山脚下打响。画面应具有历史纵深感，中国传统水墨画的风格，灵感来自傅抱石，尼康D6 --ar 16∶9 --v 5。

生成图片效果如图10.9所示。

图10.9　王昌龄的诗成图（山水画风格）

提示词：广阔中国风景，远处军队的剪影，即将在阴山脚下进行决斗，史诗般的历史场景。图像应该具有历史纵深感，白天，丰富的色彩，迪士尼风格，C4D，混合器，辛烷渲染。

主体词：中国风景，军队，阴山脚下的决斗。

细节词：史诗，C4D，混合器，辛烷渲染。

修饰词：广阔，远处，历史纵深感，白天，丰富的色彩，迪士尼风格。

生成图片效果如图10.10所示。

AI绘画基础与商业实战

图 10.10　王昌龄的诗成图（迪士尼大片风格）

提示词：月光下的广阔中国风景，远处军队的剪影，即将在阴山脚下进行的决斗，史诗般的历史场景。图像应具有历史纵深感，丰富的色彩，插画风格，C4D，混合器，辛烷渲染。

主体词：中国风景，军队，阴山脚下的决斗。

细节词：月光下，史诗，C4D，混合器，辛烷渲染。

修饰词：广阔的，远处的，历史纵深感，丰富的色彩，插画风格。

生成图片效果如图 10.11 所示。

图 10.11　王昌龄的诗成图（插画风格）

第11章

AI绘画有趣的应用场景之人物IP

在上一章中，我们了解了AI绘画技术在教育领域中的应用。本章我们将学习AI绘画技术在人物IP设计中的应用，感受艺术与科幻的完美融合。

11.1 迪士尼风格头像

准备一张原始图片，如图11.1所示。将原图上传到Midjourney中，得到图像URL后与文字提示词一同生成卡通头像。

图11.1　原始图片

提示词：图片URL 一个可爱的20岁中国女孩，超级酷，卷曲的长发，大眼睛，微笑，穿着紫色连衣裙，女团风格，半身像，迪士尼风格，街头时尚服装，干净的背景，混合器，C4D --ar 1:1 --iw 1.5 --style expressive。

生成图片效果如图11.2所示。

图11.2 　生成卡通头像

11.2　《三体》人物

　　在本节中，我们将深入探讨《三体》系列中的关键人物，包括罗辑、汪淼、叶文洁等。他们的思想、行动和决策影响着整个故事的发展。罗辑作为一个虚拟人物，代表了人类理性思维的极致，汪淼和叶文洁则代表了人类面对外星文明挑战时的不同态度和应对方式，智子则是一个超级智能体，具备强大的计算和决策能力。通过深入研究这些人物，我们可以更加全面地理解《三体》系列的世界观和思想内涵。

11.2.1 罗辑

提示词：人像摄影，聪明的中国男性，三十五岁，英俊，黑色短发，戴眼镜，若有所思。他是一位天体物理学家，身着便装，高分辨率，超精细，8K。

生成图片效果如图11.3所示。

图11.3 罗辑

11.2.2 汪淼

提示词：人像摄影，聪明的中国男性，三十五岁，英俊，黑色短发，表情好奇。他身着白色研究员套装，是一位科学家。高分辨率，超精细，8K。

生成图片效果如图11.4所示。

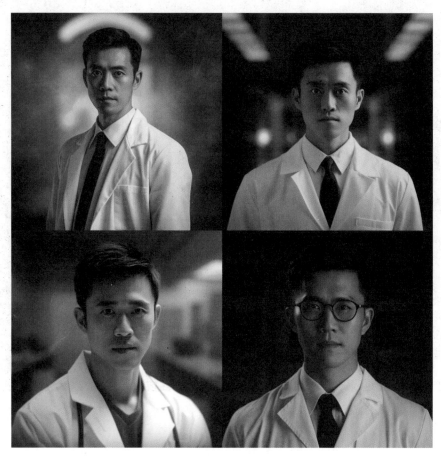

图11.4　汪淼

11.2.3 叶文洁

提示词：半身像摄影，年轻的中国女性，20岁，美丽，黑色长发，身穿白衬衫，穿着朴素而专业的服装，体现了她对科学的执着追求。

生成图片效果如图11.5所示。

图11.5 叶文洁

11.3 IP 盲盒设计

在本节中，我们将探讨 IP 盲盒设计，包括复活岛巨人、唐代彩瓷娃娃、高达机甲战士。AI 绘画技术的运用将赋予 IP 盲盒独特的创意和吸引力，为 IP 盲盒市场注入新的活力。

11.3.1 复活节岛巨人

提示词：复活节岛巨型头像，侧脸，头部特写，3D，泡沫装饰，泡泡玛特盲盒，IP设计，皮克斯风格，32K，超级精致，树脂，辛烷渲染的最佳质量，粉彩，白色背景 --ar 1:1。

生成图片效果如图11.6所示。

图11.6　复活节岛巨人

11.3.2 唐代彩瓷娃娃

提示词：彩瓷娃娃，中国唐代女孩，复杂的花卉和宝石头饰，浅蓝色，粉红色，深蓝色，灰色，金色，白色和海蓝宝石，流畅和简单的风格，金色轮廓，逼真细节，手绘细节，辛烷渲染 --ar 1:1 --style expressive。

生成图片效果如图11.7所示。

图 11.7　唐代彩瓷娃娃

11.3.3　高达机甲战士

提示词：有发光眼睛的高达，倾斜的位置，白色，蓝色，红色，复杂的机甲，体积照明，辛烷渲染，高细节 --ar 1:1。

生成图片效果如图11.8所示。

图11.8　高达机甲战士

第12章

AI绘画有趣的应用场景之产品设计

本章将引领您深入产品设计的世界，通过具体案例学习如何设计出实用的、符合市场需求的产品。

机甲战士

12.1.1　生成机甲草图

提示词：2D机甲草图，铅笔，工业设计草图，使用少量色彩点缀，多角度展示，无文字，无杂乱线条，科技感，未来感，极简主义，白色干净背景，最佳质量。

生成图片效果如图12.1所示。

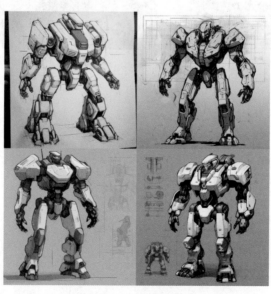

图12.1　机甲草图

12.1.2 机甲草图转产品

从上一步生成的草图中选择最满意的一张，如图12.2所示，复制该图URL并与下面的文本提示词一起生成产品图，如图12.3所示。

提示词：图片URL 产品摄影，机甲人物，摄影棚照明，高分辨率，3D效果，混合器，C4D，辛烷渲染。

生成图片效果如图12.3所示。

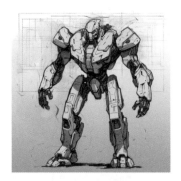

图12.2 选择机甲草图

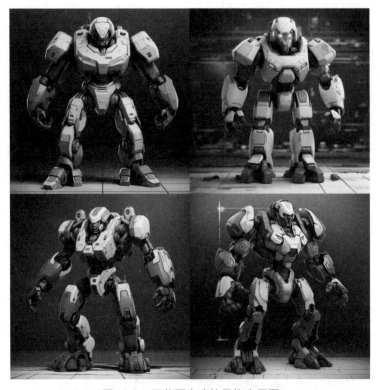

图12.3 用草图生成的最终产品图

你还可以尝试下面的草图提示词方案。

书包草图提示词：手绘草稿，书包，没有凌乱的线条，科技感，未来感，极简主义，白色干净的背景，最佳质量。

室内客厅草图提示词：室内客厅的2D草图，铅笔绘制，工业设计草图，使用少量色彩点缀，多角度展示，无文字，无杂乱线条，科技感，未来感，极简主义，白色干净背景，最佳质量。

珠宝草图提示词：宝石项链2D草图，铅笔绘制，工业设计草图，使用少量色彩点缀，多角度展示，无文字，无杂乱线条，科技感，未来主义，极简主义，白色干净背景，最佳质量。

服装草图提示词：高级时尚连衣裙的2D草图，铅笔绘制，工业设计草图，使用少量色彩点缀，多角度展示，没有文字，没有杂乱的线条，科技感，未来感，极简主义，白色干净的背景，质量最佳。

(12.2) 苹果手机原理图

提示词：原理图，iPhone14 --ar 1:1。

生成图片效果如图12.4所示。

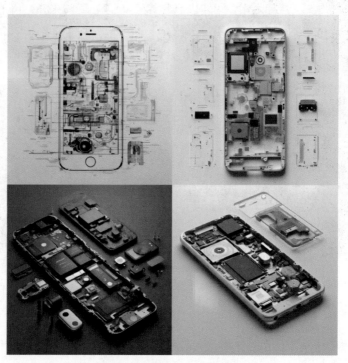

图12.4　苹果手机原理图

提示词：乐高玩具，摄影，使用佳能 EOS 5D Mark IV 拍摄，工作室照明，干净明快的构图，丰富鲜艳的色彩，以引人入胜的方式展示产品。

生成图片效果如图12.5所示。

图12.5　乐高玩具

提示词：极简主义和时尚的自行车，现代广告风格，中性色调和流行色彩，用尼康D850拍摄，商业摄影。

生成图片效果如图12.6所示。

图 12.6　自行车

12.5　人体工学桌椅

　　提示词：人体工学桌椅，苹果设计风格，流畅的线条和极简的美学，展示舒适的使用体验，数字化渲染，细节纹理，产品设计。

　　生成图片效果如图12.7所示。

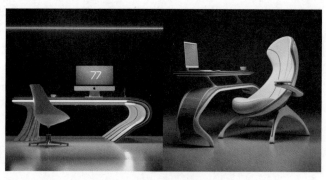

图 12.7　人体工学桌椅

图 12.7　人体工学桌椅（续）

(12.6) 运动鞋

　　提示词：独特时尚的运动鞋，采用现代运动鞋广告风格，大胆的色彩，复杂的纹理，从动态角度展示，数字化渲染，街头风格。

　　生成图片效果如图 12.8 所示。

图 12.8　运动鞋

12.7 服装

　　提示词：未来派服装设计，赛博朋克风格，霓虹灯，半透明材料和激光点缀，柔和笔触和鲜艳色彩的数字绘画。

　　生成图片效果如图12.9所示。

图12.9　服装

12.8 背包

提示词：简约时尚的背包，采用现代产品设计风格，中性色调和流行色彩，在干净的背景下展示，使用佳能 EOS 5D Mark IV 拍摄，商业摄影。

生成图片效果如图 12.10 所示。

图12.10 背包

第13章

AI绘画有趣的应用场景之建筑

本章我们将介绍AI绘画技术在建筑设计中的应用，通过一些富有创意的设计作品为您带来全新的视觉体验，激发您对艺术的热爱，并让您对未来社会产生无限的遐想。

(13.1) 异形建筑

提示词：一座巧妙的圆形建筑，现代主义风格和极简主义，突出曲线和空间的和谐，用广角镜头拍摄，扎哈·哈迪德 --ar 1:1。

生成图片效果如图13.1所示。

图13.1 异形建筑

13.2 木制艺术感虚构建筑

提示词：一座未来派的木制公寓楼 --q 2 --s 750 --aspect 1:1。

生成图片效果如图13.2所示。

图13.2 木制艺术感虚构建筑

13.3 巨大的金属质感未来建筑

提示词：一座未来主义的金属质感公寓楼 --q 2 --s 750 --aspect 1:1。

生成图片效果如图13.3所示。

图13.3 巨大的金属质感未来建筑

13.4 未来城市建筑

提示词：未来城市建筑，科幻 --s 750 --aspect 1:1。

生成图片效果如图13.4所示。

图13.4　未来城市建筑

13.5 其他星球的建筑

提示词：一个外星球建筑，展示奇特的形式和超凡脱俗的设计，科幻类型 --ar 1:1。

生成图片效果如图13.5所示。

图13.5 其他星球的建筑

13.6 迪士尼城堡

提示词：迷人的迪士尼城堡，采用柔和的色彩营造出童话般的氛围，高耸的塔楼，用广角镜头以高分辨率拍摄，奇幻风格。

生成图片效果如图13.6所示。

图13.6　迪士尼城堡

第14章
AI绘画有趣的应用场景之真实摄影风格

真实摄影是指通过摄影捕捉现实生活中的景物和人物，强调真实感和自然表现。AI绘画技术对真实摄影的影响非常显著，它可以通过分析大量的摄影作品，为摄影师提供灵感和创作方向。

14.1 人像摄影

人像摄影的核心关注要点：捕捉人物的面部表情、神态和姿势，强调人物特征和情感表现。

提示词：一个快乐的中国女孩的肖像，鲜艳的色彩，自信的笑容，使用尼康D850拍摄，商业摄影。

生成图片效果如图14.1所示。

图14.1 人像摄影

AI绘画基础与商业实战

14.2 风景摄影

风景摄影的核心关注要点：记录自然风光、城市景观等，展示地域特色和美学价值。

提示词：生动的自然风景，采用《国家地理》照片的风格，具有明亮、饱和的色彩、动态的天空，使用广角镜头和小光圈拍摄，以显示场景、风景摄影的完整性。

生成图片效果如图14.2所示。

图14.2 风景摄影

14.3 街头摄影

街头摄影的核心关注要点：捕捉城市街头的日常生活场景，强调真实感和生活氛围。

提示词：街头摄影，捕捉日常的城市场景，鲜艳的色彩，强调真实性和氛围，徕卡M10，纪实风格拍摄。

生成图片效果如图14.3所示。

图14.3 街头摄影

14.4 纪实摄影

纪实摄影的核心关注要点：记录真实事件、新闻现场等，强调客观真实和时代价值。

提示词：记录真实事件或新闻场景的纪实摄影，传统新闻摄影风格，黑白风格，具有永恒的感觉，强调客观真实和历史价值，使用佳能EOS-1D X Mark Ⅲ拍摄。

生成图片效果如图14.4所示。

图14.4 纪实摄影

微距摄影的核心关注要点：通过特写镜头捕捉物体的细节和特点，展示微观世界的美感。

提示词：使用尼康 D850 105mm 微距镜头拍摄，自然风格，鲜艳的色彩，强调复杂的纹理和特征，捕捉物体微小的细节，以自然为灵感。

生成图片效果如图14.5所示。

图14.5　微距摄影

14.6 黑白摄影

黑白摄影的核心关注要点：利用黑白色调展现影像的光影、线条和质感，强调艺术性和表现力。

提示词：黑白摄影，安塞尔·亚当斯，突出光影、线条和纹理，强调艺术表现力和视觉冲击力，使用徕卡 M Monochrom 拍摄，美术摄影。

生成图片效果如图14.6所示。

图14.6 黑白摄影

14.7 体育摄影

体育摄影的核心关注要点：捕捉体育赛事和运动员的精彩瞬间，强调动态感和视觉冲击力。

提示词：捕捉体育赛事中激动人心的时刻，鲜艳的色彩，强调动态动作和视觉冲击力，使用佳能EOS-1D X Mark Ⅲ 拍摄，体育摄影。

生成图片效果如图14.7所示。

图14.7 体育摄影

14.8 商业摄影

商业摄影的核心关注要点：产品宣传、广告等商业用途的照片，强调产品特点和视觉吸引力。

提示词：高端广告，以鲜艳的色彩和清晰的细节为特色，强调产品功能和视觉吸引力，使用佳能EOS 5D Mark IV拍摄，商业摄影。

生成图片效果如图14.8所示。

图14.8　商业摄影

14.9 旅行摄影

旅行摄影的核心关注要点：记录旅行途中的风景、人物和文化，强调地域特色和旅行体验。

提示词：捕捉风景、人物和文化，采用《国家地理》照片风格，鲜艳的色彩，强调地域特色和旅行体验，使用尼康 D850 拍摄，旅行摄影。

生成图片效果如图 14.9 所示。

图 14.9 旅行摄影

AI 绘画基础与商业实战

第15章

AI绘画有趣的应用场景之各种绘画风格的风景画

绘画风格具有多样化的特征，每一种风格都独具特色，能带给观者不同的观感和体验。在本章中，我们将介绍如何使用AI绘画技术生成不同风格的风景画作品。

抽象艺术

提示词：以抽象艺术风格描绘的风景，瓦西里·康定斯基，充满活力的颜色和几何图形，大胆的笔触，鲜艳的色彩，动态数字绘画，抽象表现主义流派。

生成图片效果如图15.1所示。

图15.1 抽象艺术风景画

15.2 油画风格

提示词：以油画风格描绘的风景，让人想起克劳德·莫奈，典型的印象派，大气的光线，数字绘画，柔和的笔触，光彩夺目的色彩。

生成图片效果如图15.2所示。

图 15.2　油画风格风景画

AI绘画基础与商业实战

水彩风格

提示词：以水彩风格呈现的风景，灵感来自约瑟夫·马洛德·威廉·特纳，典型的松散笔触和细腻的色彩混合，以数字绘画的形式创作，浪漫主义风格。

生成图片效果如图15.3所示。

图15.3 水彩风格风景画

15.4 素描风格

　　提示词：以素描风格描绘的风景，让人想起达·芬奇的典型素描中细致的线条和对细节的关注，精美的石墨素描，具有复杂的细节和纹理，文艺复兴风格。

　　生成图片效果如图15.4所示。

图15.4　素描风格风景画

15.5 漫画风格

　　提示词：以日本漫画风格描绘的风景，灵感来自宫崎骏动画，详细背景，富有表现力，具有大胆轮廓和鲜艳色彩的数字绘画，动漫。

　　生成图片效果如图15.5所示。

图15.5　漫画风格风景画

提示词：以水墨画风格描绘的风景，从典型的齐白石水墨画的细腻笔触和空灵山水中汲取灵感，创作出具有微妙层次和流畅线条的水墨画，中国传统艺术流派。

生成图片效果如图15.6所示。

图15.6 水墨画风格风景画

15.7 立体主义风格

　　提示词：以立体主义风格描绘的风景，从典型的毕加索绘画的几何形式和支离破碎的视角中汲取灵感，数字绘画，具有大胆、棱角分明的形状，立体主义风格。

　　生成图片效果如图15.7所示。

图15.7　立体主义风格风景画

超现实主义风格

提示词：以超现实主义风格描绘的风景，灵感来自萨尔瓦多·达利绘画中典型的梦幻场景，具有详细纹理，超现实主义流派，数字绘画。

生成图片效果如图15.8所示。

图15.8　超现实主义风格风景画

15.9 极简主义风格

提示词：以极简主义风格呈现的风景，与艾格尼丝·马丁绘画的典型的简单形状和单色配色方案相呼应，简洁线条和微妙色彩过渡，数字绘画，极简主义风格。

生成图片效果如图15.9所示。

图15.9 极简主义风格风景画

第16章

AI绘画有趣的应用场景之游戏

本章我们将探索AI绘画技术在游戏设计与开发中的应用。作为一个集视觉艺术和交互体验于一体的领域，游戏设计对图像的需求量极大。AI绘画技术可以大幅提升游戏开发的效率。

16.1 人物角色设计

人物角色设计是指绘制游戏中的主要角色、NPC（非玩家角色）等，包括外表、服装、配件等元素。

提示词：3D游戏角色设计，赛博朋克风格，游戏角色设计的概念艺术，包括主要角色和NPC；展示每个角色独特而详细的外表；风格应反映游戏世界的独特审美，色彩鲜艳，特色鲜明。

生成图片效果如图16.1所示。

图16.1　赛博朋克NPC角色

图16.1　赛博朋克NPC角色（续）

提示词：3D游戏角色设计，赛博朋克风格，女战士，美丽，紫色头发。
生成图片效果如图16.2所示。

图16.2　赛博朋克女战士3D形象

提示词：3D游戏角色设计，赛博朋克风格，男战士，肌肉发达，大武器，全身。

生成图片效果如图16.3所示。

图16.3　赛博朋克男战士3D形象

16.2　游戏场景与背景

提示词：游戏环境和地形的概念艺术，各种风景的详细插图，展示独特的游戏世界观，幻想艺术风格，丰富的色彩，沉浸式细节，数字绘画。

生成图片效果如图16.4所示。

图16.4　游戏场景与背景

游戏道具与装备

　　提示词：各种游戏物品和设备的概念图，包括武器、工具和装备；这些设计错综复杂，展示了每个装备的独特效果和用途；从简单的工具到复杂的机械和神秘的人工制品，增加了游戏的深度和多样性。

　　生成图片效果如图16.5所示。

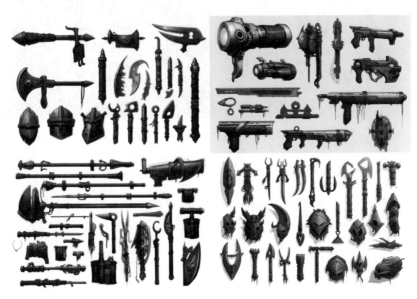

图16.5　游戏物品概念设计图

提示词：2D游戏角色设计，魔法风格，战士，肌肉发达，全身绘画，周围有很多武器，剑，刀。

生成图片效果如图16.6所示。

图16.6　游戏角色及武器设计图

16.4 UI与HUD设计

提示词：精心制作的游戏UI和HUD（抬头显示）设计；包括一个干净、直观的游戏界面，带有清晰标记的菜单和按钮，便于导航；采用简约风格，确保屏幕不会杂乱无章，玩家可以专注地体验游戏；HUD显示重要信息，如进度条、弹药数量和任务目标，这些信息巧妙地融入游戏世界；整体设计增强了玩家的沉浸感和游戏体验。

　　生成图片效果如图16.7所示。

图16.7　UI与HUD设计

 16.5 ## 游戏动画与特效

提示词：充满活力的游戏动画和特效设计，点亮屏幕的戏剧性技能效果，展示色彩和细节；设计增强了游戏的视觉效果。

生成图片效果如图16.8所示。

图16.8 游戏动画与特效

16.6 游戏地图与关卡设计

提示词：游戏地图和关卡设计的概念图，展示了各种游戏阶段、路径和路线的布局；该设计以不同的地形、战略位置和兴趣点为特色，错综复杂且相互连接，提供身临其境的游戏体验；该设计平衡了挑战性和可玩性，在引导更多玩家参与游戏的同时鼓励玩家探索。

生成图片效果如图16.9所示。

图16.9　游戏地图与关卡设计

(16.7) 游戏海报与宣传素材

提示词：引人入胜的游戏海报和宣传素材，以动态的角色姿势、生动的游戏世界描述和吸引人的游戏标题为特色；视觉元素共同营造了游戏独特的氛围，激发了人们对游戏的期待和兴趣。

生成图片效果如图16.10所示。

图 16.10　游戏海报与宣传素材

游戏剧情插图

提示词：一个辛酸的游戏故事情节插图，描绘了游戏中的一个关键场景，用细致入微的人物表情和环境来叙事；光线的强度、人物的表情和背景共同表现出一个引人注目的故事场景。

生成图片效果如图16.11所示。

图16.11　游戏剧情插图

03

第 3 篇

AI 绘画的商业变现

第17章

精选AI绘画+商业变现实例

在前面的章节中，我们已经探索了AI绘画技术在不同领域的有趣应用。在本章中，我们将重点介绍几个AI绘画商业变现实例。

(17.1) 创作儿童绘本

在这个例子中，我们将分享如何借助ChatGPT和Midjourney创作儿童绘本，成为作家。

想创作属于自己的童话故事，就要学会将ChatGPT和AI绘画工具训练为自己的得力助手，帮助自己更高效地完成文案创作和插画设计。在这个过程中，不仅能够拓展自己的创作领域，还可以获得丰厚的稿费和版税回报。

使用ChatGPT和Midjourney创作儿童绘本的具体步骤如下。

✎ **第1步：** 请ChatGPT给出10个关于童书的选题，从中选择"爱丽丝森林奇遇记"的主题。先设计出关键的剧情，设定风格为迪士尼风格，场景为神秘的丛林。

✎ **第2步：** 用Midjourney
生成目标图片和主角形象。

提示词：一头棕色长发、
穿着裙子的小女孩在森林里，
丰富多彩的动画剧照，卡通风
格，童趣，神秘丛林，紫罗兰
和橙色，迪士尼动画 --ar 9:16。

生成图片效果如图17.1所
示，选择比较满意的一张，如
图17.2所示。

图17.1　生成图片　　图17.2　选出目标图片

第3步： 把小女孩的形象抠出来，通过垫图再次生成一些类似的图，方便后面放入每个画面中。

提示词：图片URL 一头棕色长发、穿着裙子的小女孩在森林里，丰富多彩的动画剧照，卡通风格，童趣，神秘丛林，紫罗兰和橙色，迪士尼动画 --ar 16:9。

生成图片效果如图17.3所示。

图17.3　垫图创造主角形象

第4步： 开始生成第一个画面的图片，即女孩遇到了狮子。

提示词：一头棕色长发、穿着裙子的小女孩在森林里遇到了一只狮子，丰富多彩的动画剧照，卡通风格，童趣，神秘丛林，紫罗兰和橙色，迪士尼动画 --ar 16:9。

生成图片效果如图17.4所示。

图 17.4　随机生成女孩与狮子图

第5步：为了保持人物的一致性，用 Photoshop 将图 17.4 中的女孩替换为我们的主角，效果如图 17.5 所示。

图 17.5　把随机的女孩改为主角与狮子

第6步：用上面的方法再继续完成所有图片，只需将提示词中的"狮子"更换为其他动物即可，其他提示词保持不变，生成图片效果如图 17.6 至图 17.9 所示。

图 17.6　主角与恐龙

图 17.7　主角与狐狸

图 17.8　主角与鹿　　　　　　　　　　　　图 17.9　主角与大象

✎ **第7步:** 把生成的图片汇总起来,保存到本地,组合成为故事情节连贯的图片,为方便起见可以考虑先用PPT排版。

✎ **第8步:** 根据绘图的提示词,让ChatGPT生成故事情节。

提问:我正在制作儿童绘本,请根据我的AI绘画提示词,生成故事情节,提示词如下:有一头棕色长发、穿着粉色连衣裙的小女孩爱丽丝在森林里遇到了狮子、恐龙、大象、鹿和狐狸,丰富多彩的动画剧照,卡通风格,童趣,神秘丛林,紫罗兰和橙色,迪士尼动画 --ar 9:16。

---

⑤ ChatGPT回复

根据你的提示,我为你生成了一个故事情节。

爱丽丝是一个活泼可爱的小女孩,她拥有一头棕色长发,穿着粉色连衣裙,总是带着微笑和好奇心。一天,她决定去森林探险。这个森林非常神秘,充满了奇幻的色彩。

当爱丽丝走进森林时,她先遇到了一只友善的恐龙。这只恐龙非常巨大,但它对爱丽丝展露温柔的一面。恐龙成了爱丽丝的好朋友,它和爱丽丝一起穿越森林,探索各种神奇的地方。

在森林的另一个角落,她们遇到了一只憨态可掬的大象。大象拥有超强的记忆力,它给爱丽丝讲述了许多有趣的故事。爱丽丝和大象一起玩耍,享受了一段愉快的时光。

接着,他们遇到了一只聪明灵活的鹿。这只鹿喜欢跳跃和玩耍,它向爱丽丝展示了许多有趣的技巧。爱丽丝跟着鹿一起跳跃,快乐地享受着冒险的旅程。

最后,他们来到了森林的深处,那里隐藏着一只善良的狐狸。狐狸告诉爱丽丝一个关于奇迹的故事,教会她珍惜每一个美好的瞬间。爱丽丝和狐狸一起观赏了美丽的紫罗兰和橙色的花朵,体验了生命中的奇迹。

在这个神秘的丛林中,爱丽丝与恐龙、大象、鹿和狐狸共同度过了一段美好的时光。他们一起唱歌跳舞,享受着快乐与友谊。

整个故事以卡通风格的动画剧照展示,配上流行音乐,可以给人一种欢乐童真的感觉。

希望这个故事情节能够帮助你制作出一本有趣的儿童绘本！如果还有其他需要，欢迎随时告诉我。

✎ **第9步：**将ChatGPT生成的故事情节与图片进行组合。

绘画基础与商业实战

当然，你可以尝试各种主题的绘本创作，以下是ChatGPT给出的10个绘本创作主题建议。

（1）《小狐狸的友谊之旅》：一只小动物学习如何与其他动物建立友谊和开展合作。

（2）《农场之旅》：一个小孩在农场中学习如何种植蔬菜和水果，以及如何照顾动物。

（3）《魔法小妖精的冒险》：一个小妖精学习如何使用她的魔法力量来帮助别人，而不是获取自己的利益。

（4）《小男孩和狗的冒险之旅》：一个小男孩和他的狗一起冒险，感受世界上不同地方的文化。

（5）《小女孩的勇气》：一个小女孩学习如何面对她的恐惧、克服挑战并获得自信。

（6）《小海龟的迷失之旅》：一只小海龟在海洋中寻找它的家，遇到许多其他海洋生物。

（7）《小马比赛》：一匹小马在比赛中学习如何赢得比赛，同时也认识到友谊和团队合作的重要性。

（8）《家园的守护者》：一个小孩学习如何在家里和社区中保持环境清洁和身体健康。

（9）《传统手工艺之旅》：一个小女孩和她的爷爷一起学习制作传统手工艺品。

（10）《小男孩的友谊学校》：一个小男孩在学校里学习如何与其他孩子相处，尊重彼此的差异并建立友谊。

17.2 定制卡通头像

看过迪士尼动画的影迷想必都被其中设计精美的卡通角色打动过，因此也想要定制一个自己的卡通形象，用来做社交媒体头像或者数字人头像。今天，我们就来帮助大家实现这个愿望。

17.2.1 实现方法1：垫图+iw参数

第1步： 先选一张自己的正面照片，如图17.10所示，要求如下。

◎ 自然光

◎ 背景要干净

◎ 半身照或大头照

◎ 正脸或侧脸不超过45度

第2步： 将照片上传至Midjourney中，待照片上传完毕后，右击照片复制图片链接，如图17.11所示。

图17.10 选一张头像照片　　　　图17.11 复制图片URL

或在输入框中输入/imagine指令，选中prompt，然后直接拖动图片到prompt

输入框内，即可得到图片URL，如图17.12所示。

图17.12　获取图片URL

第3步：输入图片URL和提示词，并单击"提交"按钮生成作品。

提示词：图片URL 特写肖像，高质量，男性，独特，超级详细的面部特征，英俊，迪士尼风格，8K分辨率 --ar 1：1 --niji 5。

首次生成的卡通头像，如图17.13所示。

图17.13　首次生成的卡通头像

第4步：生成的头像看起来和样图不是非常像，所以对提示词进行微调，增加样图权重参数为 --iw 0.75（可直接写作--iw .75），如图17.14所示。

图17.14　增加--iw参数

注意：每一次调整都要把图像URL放在最前面，并跟文本提示词一同发送给Midjourney。

提示词：图像URL 特写肖像，高质量，男性，独特，超级详细的面部特征，英俊，迪士尼风格，8K分辨率 --ar 1∶1--niji 5--iw .75

--iw完整参数名为--Image Weigh，用于调整图像提示与文本提示的相对权重。--iw值越大，与样图越相似（但卡通感越弱）；没有指定--iw参数时，Midjourney会使用默认值0.25。

--iw参数在不同版本的数值范围和默认值各不相同，如表17.1所示。

表17.1　不同版本的--iw参数说明

模型版本	V3	V4	V5	Niji	Niji 5
默认值	0.25	不支持	1	不支持	1
取值范围	−10000～10000 的整数	不支持	0.25/0.5/1/2	不支持	0.25/0.5/1/2

使用方法：--iw 参数与其他后缀参数一样，需要放在图片URL和文本提示词之后才会起作用。

增加 --iw 参数后生成的图像如图17.15所示。

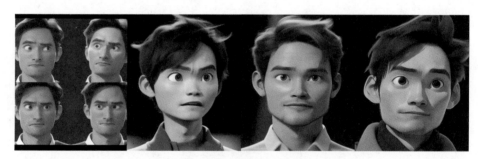

图17.15　生成的卡通头像

增加 --iw 参数后生成的图像比首次生成的接近样图一些，但是五官还是不够像。继续进行微调，将--iw参数增加到1.5，微调后生成的图片如图17.16所示。

图17.16　--iw参数为1.5时生成的卡通头像

图17.16中的第2张看起来和样图相似度比较高。我们将两张图放在一起进行对比，如图17.17所示。

图17.17　样图与生成结果对比

这张图无论是脸型还是五官都和样图比较相似，但是缺少一点卡通感，继续对其进行微调，将--iw数值降为1。生成图片如图17.18所示。

图17.18　继续对--iw参数进行微调

图17.18中第二张图的五官和脸型都比较接近样图了，且保留了足够的卡通效果，就是我们想要的效果！两图对比如图17.19所示。

图17.19　样图与最终生成卡通头像对比

17.2.2　实现方法2：垫图+InsightFace插件

17.2.1小节介绍的是使用参考图+提示词来出图。本小节将介绍一个Midjourney

的插件——InsightFace。它是Discord中用于人脸识别的拓展应用，使用步骤如下。

✎ **第1步：** 将如图17.7所示的样图发送给Midjourney，按前文所述的方法复制其URL。

✎ **第2步：** 复制图片URL并粘贴到输入框中3次，注意每个链接之间用空格隔开，在后面加上提示词，并按回车键。

提示词：图片URL1 图片URL2 图片URL3 一个英俊的年轻人，保持动作、表情、服装和外观的一致性，来自迪士尼的3D人物，黑色西装，超级细节，混合器，柔和灯光，IP，盲盒，电影照明，浪漫场景。

✎ **第3步：** 在生成的图片中使用U按钮将你最满意的进行放大，这里我放大的是第3张（单击"U3"按钮即可），如图17.20所示。

图17.20 选择图片

✎ **第4步：** 接下来最重要的一步就是接入InsightFaceSwap机器人，在网络搜索InsightFaceSwap机器人的链接地址，将搜索到的链接复制粘贴到输入框并按回车键，如图17.21所示。

图17.21 粘贴链接

✎ **第5步：** 单击邀请链接，会弹出添加至服务器界面，如图17.22所示。

✎ **第6步：** 在"添加至服务器"选项的下拉框中选一个你已经创建好的服务器，然后单击"继续"按钮并授权，如图17.23所示。

图 17.22　添加至服务器　　　　图 17.23　选择服务器（如果没有需先创建）

✎ **第7步：** 单击"授权"按钮，如图 17.24 所示。

页面显示已授权，如图 17.25 所示。

图 17.24　"授权"按钮　　　　图 17.25　已授权

授权成功，会弹出如下信息，如图 17.26 所示。

图 17.26　授权成功

✎ **第8步：** 在输入框中键入"/"，界面会显示 /saveid 指令，单击该指令，如图 17.27 所示。

弹出如图17.28所示的界面后，将原始头像照片拖入箭头所指区域。

图17.27　在输入框中输入/saveid命令　　　图17.28　上传原始头像照片

✎ **第9步：**为图像命名（这里我起的名字为avator），如图17.29所示，按回车键。

提交后，会出现两条回复，如图17.30所示。

图17.29　为图像命名　　　　　　　　图17.30　提交后出现的回复

找到你刚刚放大的那张图，右击图像，从弹出的界面中选择APP→INSwapper，如图17.31所示，Midjourney会根据你刚生成的图片再次进行拟合，生成一张与样图更像的头像。

图17.31　触发换脸命令

最终生成的图像如图17.32所示。

图17.32　生成最终图像

使用InsightFaceSwap，很明显能看出头像跟原图更像，如图17.33所示。

图17.33　图片对比

 # 17.3　打造虚拟数字人

2017年，AI视频生成工具D-ID的发布为我们迈入数字人时代铺平了道路。

利用D-ID等先进的虚拟数字人制作工具，创建属于自己的虚拟数字人，每个人都能获得新颖的互动体验。

接下来，我们就来介绍创建数字人的具体步骤。

利用ChatGPT快速设计3段口播稿，实例示范如下。

🖥 提问

我要制作抖音小视频，请帮我生成3段口播稿。方向是围绕《ChatGPT实操宝典》一书介绍365个提问技巧与最佳实践，帮助人们从新手变成专家。

标题：学ChatGPT提问，买这一本书就够了！

关键词：营销、起名、学习、SEO（搜索引擎优化）、编写代码、产品文档、Excel、客服维护、内容创作。

人群定位：营销人员、创业者、中小企业负责人、产品经理、咨询师、设计师等。

---

⑤ ChatGPT回答（部分）

口播稿1：

如果你也想成为ChatGPT实操专家，那么一定不能错过这本《ChatGPT实操宝典》！本书将帮助你从新手变成专家，提供365个提问技巧与最佳实践。无论你是营销人员、创业者、中小企业负责人、产品经理、咨询师或设计师，本书都会给你带来巨大的帮助。学ChatGPT提问，买这一本书就够了！

口播稿2：

如果你还在为营销效果不佳而苦恼，那么《ChatGPT实操宝典》将是你的不二之选！本书提供了丰富的营销实践技巧，包括创意命名、内容创作、SEO、编写代码、产品文案撰写、Excel数据处理及客服关系维护等，让你的营销效果得到显著提升！

口播稿3：

ChatGPT提问是一个很实用的技能，能够帮助你在各个领域取得更好的成果。如果你想学习ChatGPT提问，那么《ChatGPT实操宝典》绝对是你的最佳选择！本书提供了365个提问技巧与最佳实践，帮助你从新手变成专家！

D-ID是一个数字人视频制作平台，能够快速将静态照片和文本内容/录音转换为逼真的虚拟视频。D-ID数字人技术可用于制作短视频、虚拟讲师、主持人、AI机器人等，适合各种服务场景。

利用D-ID制作数字人视频的具体步骤如下。

✎ **第1步：** 注册账号并登录，登录后的首页如图17.34所示。

图 17.34　D-ID 网站首页

✎ **第 2 步：** 单击 "Create Video" 按钮创建视频，如图 17.35 所示。

图 17.35　创建视频

✎ **第 3 步：** 在 "New creative video（新创意视频）"中输入项目名称，单击 "Choose a presenter（选择一个演讲者）"下面的 "ADD（添加）"按钮添加新视频，如图 17.36 所示。

图 17.36　添加新视频

第4步： 选择前文制作的卡通头像并上传，如图17.37所示。

图17.37　上传图片

第5步： 在界面右侧的第一个方框内输入视频口播文案（字数不得超过3875字），在第二个方框"Language（语言）"中选择语种，如简体中文普通话"Chinese (Mandarin, Simplified)"，在第三个方框"Voices（声音）"中，根据你的实际需求选择男性或女性嗓音，在最下面的方框"Styles（风格）"中选择声音类型。选择完毕后，单击"喇叭"图标试听声音效果，如图17.38所示。

图17.38　输入口播文案、选择语言、声音、风格等

第6步： 在确定满意后，单击页面右上角的"GENERATE VIDEO（生成视频）"按钮，随后单击"GENERATE（生成）"按钮确认生成视频，如图17.39、图17.40所示。

图 17.39 单击右上角按钮生成视频

图 17.40 确认生成视频

第7步: 在"Video Library(视频库)"中找到生成的短视频,单击播放按钮进行预览,如图17.41所示。

图 17.41 预览视频

第8步： 单击视频预览窗口左下角的"DOWNLOAD（下载）"按钮，把短视频下载到计算机即可，如图17.42所示。

图17.42 下载视频

我们总结了D-ID的使用技巧，以帮助读者能更充分地使用它。

选择清晰的照片：为了获得更好的效果，请确保上传的照片清晰，且人物面部细节可辨；避免使用光线暗淡、模糊或低分辨率的照片。

尝试不同的声音：D-ID提供多种语音，你可以尝试使用不同的AI声音，以找到最适合视频的语音风格。

调整语速：在编辑过程中，可以通过调整语速来改变人物说话的速度，让合成视频的效果更符合你的预期。你可以将D-ID与AI工具（如ChatGPT和Midjourney）结合起来使用，制作出原创且个性化的数字人视频。

总的来说，D-ID是一个非常实用且免费的在线视频制作平台，它能将一张普通照片轻松转化为栩栩如生的有声视频。免费版允许用户最多输出4个视频，若想生成更多视频并移除水印，需要付费升级。你可以先尝试免费版，如果对效果满意，再考虑付费升级以满足使用需求。

创作数字人的常见组合工具列表，如表17.2所示。

表17.2 创作数字人的常见组合工具列表

文案类	音频类	视频类
ChatGPT	手机录音	D-ID
Notion AI	D-ID	闪剪

文案类	音频类	视频类
Jasper AI	科大讯飞	腾讯智影
		奇妙元

采用上述工具，你将可以一天轻松制作几十段原创数字人视频。最后祝你成功打造属于自己的虚拟数字人IP，实现商业变现！

17.4 模特换装

给模特换装是电商领域常见工作，利用AI进行换装，可大幅提高图片处理效率。

✎ **第1步：** 用如下提示词生成模特图（注意不要"喂图"）。

提示词：中国女性模特的全身照片，舒适运动衫，白色背景。

注意：模特衣着风格宜尽量与你后续要换装的风格保持一致。生成的图片效果如图17.43所示。

图17.43　模特图

✎ **第2步：** 再去找一张上衣的素材图，如图17.44所示。

通过Photoshop、美图秀秀或类似的图片处理软件将两张图简单地拼合在一起，无须很精准，如图17.45所示。

图17.44　上衣素材图　　　　　图17.45　合成草图

✎ **第3步：** 合成草图发送给Midjourney，并获取图片URL。

✎ **第4步：** 输入如下提示词。

提示词：草图URL 全身镜头，中国女性模式，粉色毛衣，白色背景 --ar 9:16 --v 5 --iw 2。

生成图片效果如图17.46所示。

图17.46　全新的模特换装作品

接下来给模特换配饰。

绘画基础与商业实战

第1步： 用下面这段提示词生成一个草帽。

提示词：花朵，草编遮阳帽 --s 750 --v 5。

第2步： 使用图片处理软件将草帽与模特照片进行简单合成，如图 17.47 左图所示。

第3步： 将左图上传到 Midjourney 中，并输入下列提示词。

提示词：图片链接 一位戴着花朵草编遮阳帽的模特 --s 750 --v 5 --iw 2。

图片最终生成效果，如图 17.47 右图所示。

图 17.47　左图为帽子与模特简单合成图，右图为最终生成的模特图

卡通人物也可以换装，如图 17.48 所示。步骤如下。

第1步： 生成二次元卡通人物和红色的裙子的图像。

提示词 1：红色裙子 --ar 9∶16 -- 无女孩 --niji 5。

提示词 2：女孩 --ar 9∶16 --niji 5。

第2步： 通过图片处理工具将第一张图的红色裙子部分抠出来（不需要太精细），并拼合到第 2 张图的身体部分，得到图 17.48 的第 3 张图。

第3步： 将第 3 张图提交到 Midjourney 中，获取 URL 后，输入下列提示词。

提示词：第 3 张图 URL 一个穿着红色裙子的女孩 --ar 9∶16 --iw 2 --niji 5。

最终的效果图是图 17.48 中的第 4 张图。

图17.48　卡通人物换装

人脸还可换为动物脸，如图17.49所示。步骤如下。

✎ **第1步：** 生成一张穿西装的男士的照片，然后生成一个卡通小熊的图像。

提示词1：卡通小熊 --iw 2 --niji 5。

提示词2：穿西装的男士，半身 --niji 5。

✎ **第2步：** 通过图片处理工具将卡通小熊的头拼贴到男士的头部，得到如图17.49所示的第3张图。

✎ **第3步：** 将第3张图提交到Midjourney中，获取图片URL后，输入下列提示词。

提示词：第3张图URL 一个有小熊头部的穿西装的男士 --iw 2 --niji 5。

最终的效果图是图17.49中的第4张图。

图17.49　人脸换动物脸

利用AI工具能为某个主体添加场景，如图17.50所示。步骤如下。

✎ **第1步：** 生成卡通小熊和卧室的图像。

提示词1：卡通小熊 --iw 2 --niji 5。

提示词2：卧室 --ar 1∶1 --niji 5。

　　✎ **第2步：** 通过图片处理工具将小熊放到卧室的某个位置，得到图17.50中的第3张图。

　　✎ **第3步：** 将第3张图提交到Midjourney中，获取图片URL后，输入下列提示词。

　　提示词：第3张图URL 卧室中有一只熊 --iw 2 --niji 5。

　　最终的效果图是图17.50中的第4张图。

图17.50　增加场景

 17.5 设计微信表情包

　　本节我们将在短短十分钟内，利用Midjourney制作一套超可爱的猪猪表情包，并上架到微信表情包平台。

以下是详细的制作过程。在制作表情包前，我们先请ChatGPT提供一些提示词的建议。

問題：

我想使用一款AI绘画工具画一个可爱猪猪的表情包，请问我应该输入哪些提示词？

ChatGPT

主题：可爱的猪猪。

表情：包括快乐、悲伤、生气、期待、大笑、失望、表达爱意等各种表情。

风格：插画集、儿童画风、可爱。

形象特征：大大的黑眼睛。

动作：动态姿势。

背景：白色。

将ChatGPT生成的提示词组合后输入Midjourney，Midjourney生成了四套不同的猪猪表情包，每套都包含了多种表情和姿势，如图17.51所示。

在经过仔细挑选和对比之后，选择其中一套最符合需求的表情包。为了让这套表情包效果更好，我们可以从中选择一张图片，并对其执行重新生成操作，生成风格相似的四套新图，如图17.52所示。

图17.51　四套可爱的猪猪表情

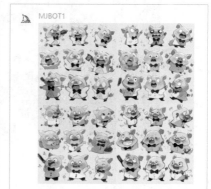
图17.52　执行重新生成操作

从新生成的图片中挑选出最喜欢的可爱猪猪表情包，如图17.53所示。

接下来，对选中的表情包进行一些调整。为了让画面更生动，我们还添加

AI绘画基础与商业实战

了一些细节。这样一来，我们就得到了一套完全符合要求的可爱猪猪表情包，如图17.54所示。

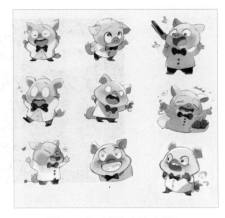

图17.53　挑选出的表情包

图17.54　对选中的表情包进行处理

最终生成的表情包作品和上架到微信表情开放平台的样子，如图17.55、图17.56所示。

图17.55　最终生成的表情包作品

图17.56　上架到微信表情开放平台

17.6 设计产品广告图

本节内容是为一款电商产品进行场景海报设计，产品图片如图17.57所示。

图17.57 产品图片

操作过程中需要直接生成产品场景图，然后再替换产品。

具体步骤如下。

第1步： 将产品原始图片发送给Midjourney，右击复制图片URL。

第2步： 输入下列提示词，生成图片如图17.58所示。

提示词：图片URL 产品拍摄，中距离，阳光明媚的夏日，日式客厅，浅白色和蓝色，客厅桌子上的蓝牙音箱，书，写实，细节逼真，景深，对比强烈，高品质。

第3步： 从中选择一张最满意的，单击放大，然后将这张图下载下来，用Photoshop进行产品主体替换，最终成品图如图17.59所示。

图17.58 智能音箱效果图

图17.59 最终成品图

17.7 T恤定制

✎ **第1步：** 垫图。从网上找到一张白色T恤图片作为样图，如图17.60所示。

单击输入框中最左侧的"上传文件"，在弹出的窗口中选择要上传的图片，然后按回车键将样图发送给Midjourney。样图上传成功后，右击图片复制图像URL。

✎ **第2步：** 输入如下提示词。

提示词：图像URL 白色T恤::印刷宫崎骏风格图案（大图，占满画面，平铺，居中，卡通风格），工作室摄影，矢量，平面，32K --ar 1:1 --q 2。

生成图像，如图17.61所示。

宫崎骏风格可以换成线图风格。

提示词：图像URL 白色T恤::印刷一只动物填色图（占满画面，平铺，居中，线图风格），工作室摄影，矢量，平面，4K --ar 1:1 --q 1。

生成图像，如图17.62所示。

图17.60　白色T恤图片

图17.61　带宫崎骏风格图案的T恤

图17.62　带动物填色图的T恤

接下来我们将填色图中的动物改成猫头鹰，提示词如下。

提示词：图像 URL 白色 T 恤::印刷一只猫头鹰填色图（占满画面，平铺，居中，线图风格），工作室摄影，矢量，平面，4K --ar 1:1 --q 1。

生成图像，如图 17.63 所示。

图 17.63　带猫头鹰图案的 T 恤

将填色图换成彩色动物卡通图案，提示词如下。

提示词：图像 URL 白色 T 恤::印刷彩色动物卡通风格图案（大图，占满画面，平铺，居中，卡通风格），工作室摄影，矢量，平面，32K --ar 1:1 --q 2。

生成图像，如图 17.64 所示。

图 17.64　带彩色动物卡通图案的 T 恤

将彩色动物卡通图案换成银河系图案。

提示词：图像 URL 白色 T 恤::印刷银河系高清彩色图案（占满画面，平铺，居中，标志设计，写实风格），工作室摄影，矢量，平面，4K --ar 1:1 --q 2。

生成图像，如图 17.65 所示。

将银河系图案换成一只金毛狗。

提示词：图像 URL 白色 T 恤::印刷一只可爱的彩色金毛狗图案（占满画面，平铺，居中，插画风格），工作室摄影，矢量，平面，4K --ar 1:1 --q 1。

生成图像，如图17.66所示。

图17.65　带银河系图案的T恤　　　　图17.66　带金毛狗图案的T恤

你可以更换主体描述词中的画面描述来生成你自己想要的图像。如果你希望将之变成真正的T恤，需要对画面单独进行设计（清晰度要够），然后打印到T恤上并进行产品测试。

(17.8) 设计盲盒

本节我们来做一套泡泡玛特风格的十二生肖盲盒。

以生肖"羊"为例，输入下列提示词。

提示词：一个超级可爱的动物IP，全身，中国古代风格，汉服，大眼睛，看着观众，梦幻般的，兴奋的，羊角，羊形装饰，泡泡玛特盲盒，IP设计，32K，细节超级细腻，树脂，最高渲染质量，柔和的粉彩渐变，干净背景 --ar 1:1。

生成效果如图17.67所示。

下面我们修改提示词中的部分内容，生成一张生肖兔图像，提示词如下，效果如图17.68所示。

提示词：一个超级可爱的动物IP，全身，中国古代风格，汉服，大眼睛，看着观众，梦幻般的，兴奋的，兔耳，兔形装饰，泡泡玛特盲盒，IP设计，32K，细节超级细腻，树脂，最高渲染质量，柔和的粉彩渐变，干净背景 --ar 1:1。

图17.67　生肖羊盲盒　　　　　　　图17.68　生肖兔盲盒

接下来生成生肖虎的盲盒，将提示词中生肖兔相关词替换为虎即可，如虎耳，虎形装饰。如图17.69所示。

更换提示词为牛角，牛形装饰，如图17.70所示。

图17.69　生肖虎盲盒　　　　　　　图17.70　生肖牛盲盒

更换提示词为龙角，龙形装饰，如图 17.71 所示。

更换提示词为猪耳，猪形装饰，如图 17.72 所示。

图 17.71　生肖龙盲盒　　　　　　　　图 17.72　生肖猪盲盒

更换提示词为蛇头，蛇形装饰，如图 17.73 所示。

更换提示词为猴头，猴形装饰，如图 17.74 所示。

图 17.73　生肖蛇盲盒　　　　　　　　图 17.74　生肖猴盲盒

更换提示词为鸡冠，鸡形装饰，如图 17.75 所示。

更换提示词为马头，马形装饰，如图 17.76 所示。

图 17.75　生肖鸡盲盒

图 17.76　生肖马盲盒

更换提示词为鼠头，鼠形装饰，如图 17.77 所示。

更换提示词为狗头，狗形装饰，如图 17.78 所示。

图 17.77　生肖鼠盲盒

图 17.78　生肖狗盲盒

17.9　Midjourney 生成无限扩大、无限缩小视频

1. 生成一张目标图片

提示词：红色、蓝色和其他颜色的糖果店内部装饰，超现实3D景观风格，浅

红色和浅金色，洛可可风格，C4D渲染，建筑构图，浅红色和粉色 --ar 16:9 --video。

提示词末尾的--video参数用于生成视频。单击U2按钮进行单张图片放大，如图17.79所示。

图17.79　目标图片

图片放大后，单击图片下方的"Zoom Out 2x"按钮，将图像缩小到原来的1/2，并在缩放过程中增加新的细节，如图17.80所示。

图17.80　单击Zoom Out 2x按钮

继续从生成的作品中选择一张自己喜欢的图，并将其放大，如单击U3，可以看见界面再次出现扩图画面。这个动作可以一直重复，直到生成满意的作品为止，如图17.81、图17.82所示。

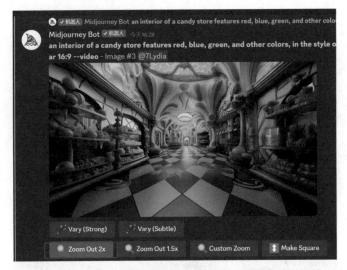

图 17.81　单击 Zoom Out 2x 按钮

图 17.82　最终生成的作品

图 17.81 的 "Zoom Out 2x" 按钮下方有一排左右上下的箭头标签，表示按照箭头方向进行扩图。

以上就是扩图标签的使用。

2. 视频生成

图片生成后怎么得到视频呢？先右击图片，在弹出的界面中选择"添加反应"，然后单击"envelope"选项，如图 17.83 所示。

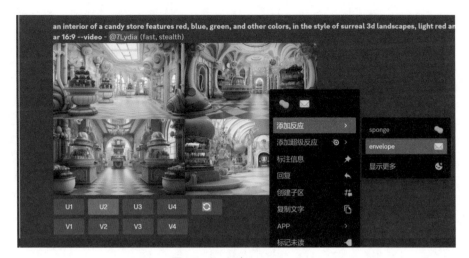

图 17.83　添加 envelope

然后会在私信中收到 Midjourney 发送的视频链接，如图 17.84 所示。

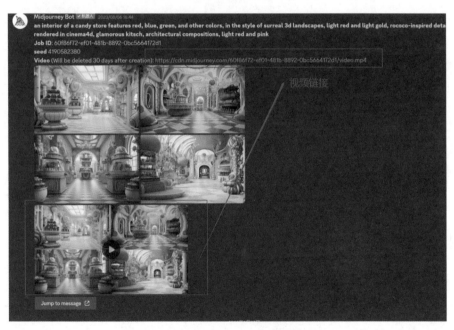

图 17.84　生成一段视频

每张图片都会生成一段 5 秒的视频，单击链接在浏览器中查看视频并将其下载到自己的计算机，然后把所有的视频用剪辑软件进行合并，就可以生成一个无线延展的视频了。

第18章

高级AI绘画：稳定扩散模型 Stable Diffusion新手入门指南

本章，我们将带您探索AI绘画的顶级技巧——稳定扩散模型Stable Diffusion。

18.1 Stable Diffusion 介绍

18.1.1 什么是 Stable Diffusion？

Stable Diffusion是2022年发布的一个图像生成模型，该模型可以根据文本描述生成详细图像。Stable Diffusion的代码已开源，适用于至少8 GB VRAM的普通GPU。与以前的专有文图生成模型不同，它可在本地运行，而不须要依赖云端服务。

18.1.2 Stable Diffusion 与 Midjourney 对比

表18.1详细罗列了Stable Diffusion和Midjourney在多个方面的功能对比，包括上手难度、图片生成难度、缺陷修复、宽高比、模型变体及构图等。通过这个对比，读者可以更迅速地了解它们之间的差异和相似之处。这有助于读者选择适合自己的模型，以便更好地满足自己的需求。

表18.1　Stable Diffusion 和 Midjourney 对比

功能	Stable Diffusion	Midjourney	详细说明
图像自定义程度	高	低	Stable Diffusion 提供更多自定义图像选项，包括改变大小和控制插件。Midjourney 选项较少，只能调整宽高比、种子和质量

AI 绘画基础与商业实战

功能	Stable Diffusion	Midjourney	详细说明
上手难度	低	中	Stable Diffusion部署难度大，运行后仍需安装模型以获得所需的风格。Midjourney需要在Discord上使用，但相对容易上手
图片生成难度	高	低	Midjourney生成艺术图像容易，富有细节，不费力，即使提示词不够全面也可能生成惊艳的图片。Stable Diffusion需要更多提示和插件来达到相似的质量
修复缺陷	是	否	Stable Diffusion的插件和局部重绘功能能有效修复图像缺陷，如手、脸、脚等部位。Midjourney则难以进行局部修复
扩展画布	是	否	Stable Diffusion中的OpenOutpaint插件可以实现图像扩展，Midjourney则没有扩展功能
调整宽高比	是	是	两者都可以调整宽高比，但Stable Diffusion具有更高的灵活性，可以支持任意比例的画布，用户只需指定所需的宽度和高度即可
模型数量	无数个（可训练）	数量较少	Stable Diffusion有很多模型变体，可以自行训练，模型数量多。Midjourney主要有Midjourney普通模型和Niji模型，数量有限
负向提示	是	是	Stable Diffusion和Midjourney都支持添加负向提示词，但不同之处在于Stable Diffusion的负向提示词更关键，几乎不可或缺，而Midjourney在没有负向提示词的情况下仍然能够表现良好
编辑图像	是	否	Stable Diffusion提供多种编辑图像的方式，包括修复技术和扩展技术，还可以使用instruct Pix2Pix模型指导编辑。Midjourney则不具备图像编辑功能
控制构图和主体姿势	是	否	Stable Diffusion可以通过多种方式控制图像构图和主体姿势，包括使用image to image、depth to image、instruct Pix2Pix和ControlNet等。而Midjourney只能使用提示词来控制图像
自定义模型	是	否	Stable Diffusion最大的优势在于可以训练自定义模型，Midjourney不支持自定义模型

功能	Stable Diffusion	Midjourney	详细说明
费用	免费	10～60美元/月	
模型	开源	专有	
内容过滤器	无	有	Midjourney对部分敏感提示词进行了限制，Stable Diffusion没有任何限制
风格	多样	有限	Stable Diffusion的风格多样性取决于模型的多样性，可以通过不同的模型生成不同风格的图像。Midjourney的风格受限于模型，较为有限，但可以通过添加特殊提示词来实现所需的风格
图像放大器	有	有	Stable Diffusion有专有的图像放大算法，可以指定放大倍数，比Midjourney的放大器更具可控性

如果你想生成高质量图像，但不想花时间学习复杂模型的使用方法和设置，并愿意支付费用，可以选择Midjourney。它提供了"开箱即用"的AI图像解决方案。

如果你是技术专家，需要使用图像编辑功能，更喜欢开源工具并希望拥有更多的控制权，那么Stable Diffusion可能更适合你。

18.2 如何使用Stable Diffusion

在本节中，我们将详细介绍如何使用Stable Diffusion。接下来，我们将提供Stable Diffusion的安装指南，介绍Stable Diffusion对显卡的要求，以及如何安装和配置Stable Diffusion的插件，以扩展其功能。

18.2.1 Stable Diffusion安装

Stable Diffusion适用于多种操作系统，如Windows、Mac、Linux。

要在本地运行Stable Diffusion，建议使用英伟达显卡，最好是11.7或更高版本，最低配置需要4GB显存，推荐配置12GB显存或更多。硬盘空间也要足够大，因为模型资源通常很大，一个模型可能占有2GB甚至更多的空间，批量处理图片需要更多的内存来支持。建议有60GB以上的硬盘空间。

1. Windows系统

在Windows系统上安装Stable Diffusion非常简单，许多专家已经创建了一键安装包，读者可自行在网络搜索整合包，单击下载安装即可。Windows系统安装需求如下。

操作系统：Windows 10或更高版本。

CPU：无特殊要求。

内存：建议8GB以上。

显卡：必须是英伟达独立显卡，显存至少4GB，核显不可用。

最好将整合包安装在固态硬盘上，以提高模型加载速度。建议使用秋叶整合包，可在B站搜索秋叶整合包安装教程，视频简介中会有下载链接。

在整合包中，您会看到以下几个文件夹。

ControlNet模型：建议下载，因为ControlNet通常是必备插件之一。

启动器：如果您之前未安装过启动器，需要运行此启动器来安装整合包所需的依赖项。

整合包内的文件夹如图18.1所示。

图18.1　整合包内的文件夹

下载后你会看到如下文件，如图18.2所示。

图18.2　整合包下载后的文件夹示例

先单击"启动器运行依赖"下载安装依赖包。单击"安装"按钮，按照指示完成安装即可，中途不会报错，如图18.3所示。

图18.3　启动器运行依赖安装界面

安装完成后，解压整合包，单击"A启动器.exe"，启动 Stable Diffusion，如图18.4和18.7所示。

图18.4　A启动器.exe　　　　　　　图18.5　正在启动应用程序

单击右下角的"一键启动"按钮即可，如图18.6所示。

AI 绘画基础与商业实战

图 18.6　一键启动

接下来会自动跳转到浏览器，显示 Stable Diffusion 首页如图 18.7 所示。

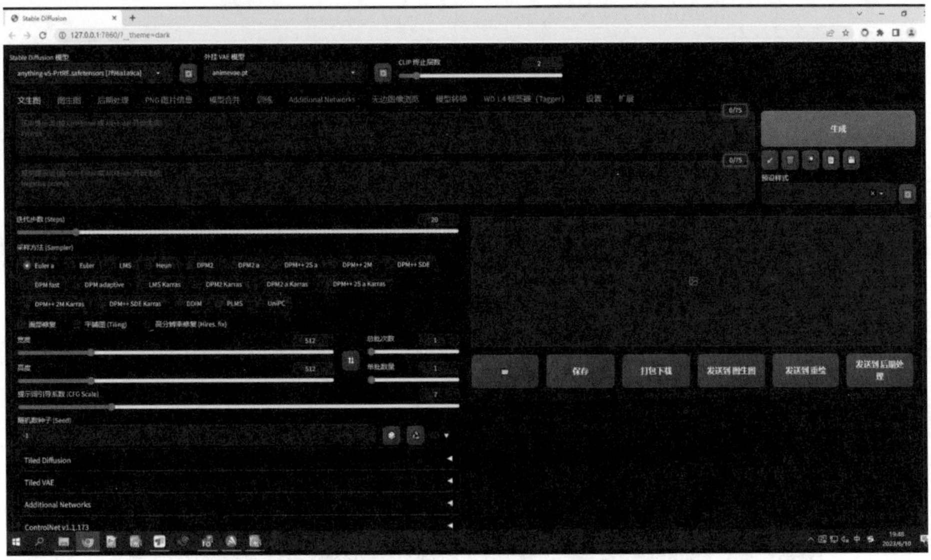

图 18.7　Stable Diffusion 首页

ControlNet 的安装也很简单，将 ControlNet 文件夹的模型全部复制到 sd-webui-aki-v4.1\models\ControlNet，如图 18.8 所示，即可完成安装。接着重新单

击"一键启动"按钮即可使用ControlNet模型。

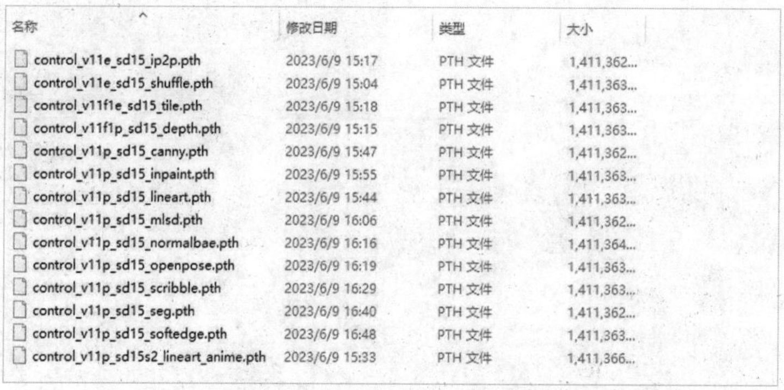

名称 ^	修改日期	类型	大小
control_v11e_sd15_ip2p.pth	2023/6/9 15:17	PTH 文件	1,411,362...
control_v11e_sd15_shuffle.pth	2023/6/9 15:04	PTH 文件	1,411,363...
control_v11f1e_sd15_tile.pth	2023/6/9 15:18	PTH 文件	1,411,363...
control_v11f1p_sd15_depth.pth	2023/6/9 15:15	PTH 文件	1,411,363...
control_v11p_sd15_canny.pth	2023/6/9 15:47	PTH 文件	1,411,362...
control_v11p_sd15_inpaint.pth	2023/6/9 15:55	PTH 文件	1,411,363...
control_v11p_sd15_lineart.pth	2023/6/9 15:44	PTH 文件	1,411,363...
control_v11p_sd15_mlsd.pth	2023/6/9 16:06	PTH 文件	1,411,362...
control_v11p_sd15_normalbae.pth	2023/6/9 16:16	PTH 文件	1,411,364...
control_v11p_sd15_openpose.pth	2023/6/9 16:19	PTH 文件	1,411,363...
control_v11p_sd15_scribble.pth	2023/6/9 16:29	PTH 文件	1,411,363...
control_v11p_sd15_seg.pth	2023/6/9 16:40	PTH 文件	1,411,362...
control_v11p_sd15_softedge.pth	2023/6/9 16:48	PTH 文件	1,411,363...
control_v11p_sd15s2_lineart_anime.pth	2023/6/9 15:33	PTH 文件	1,411,366...

图18.8　ControlNet模型文件

2. Linux系统

Ubuntu是一个以桌面应用为主的Linux发行版操作系统，在Ubuntu系统上安装Stable Diffusion与普通Linux步骤基本一致，以Ubuntu为例，介绍Linux系统的配置要求和安装步骤。

操作系统：Ubuntu 18.04及以上。

显卡：英伟达显卡，最好是11.7或更高版本。

Python环境：3.8及以上版本。

安装步骤如下。

在Ubuntu上安装Stable Diffusion，我们需要先安装Python。不同于Windows，Linux系统需要手动安装Python环境。

第1步： 下载Miniconda3-py38_23.1.0-1-Linux-x86_64.sh。

第2步： 打开终端，运行bash Miniconda3-py38_23.1.0-1-Linux-x86_64.sh。

第3步： 按回车键继续，如图18.9所示。

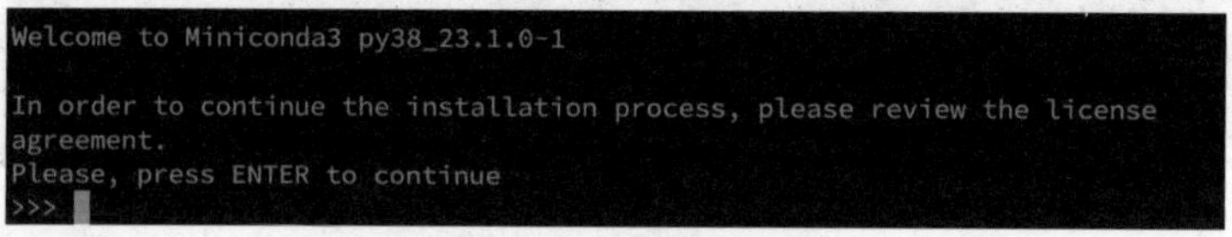

图18.9　按回车键继续

第4步： 在命令行中输入"yes（是）"，按回车键继续，如图18.10所示。

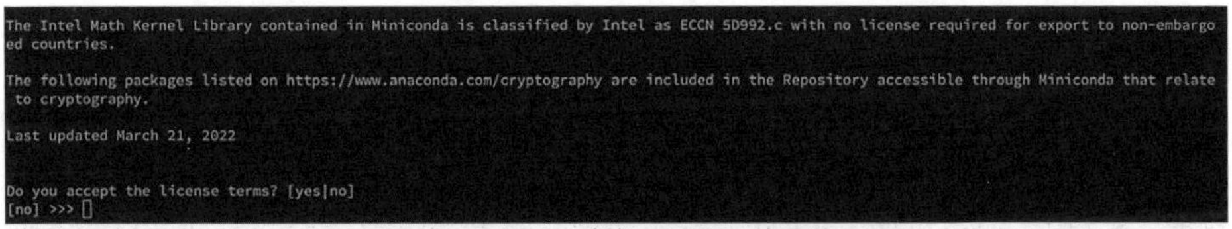

The Intel Math Kernel Library contained in Miniconda is classified by Intel as ECCN 5D992.c with no license required for export to non-embargo ed countries.

The following packages listed on https://www.anaconda.com/cryptography are included in the Repository accessible through Miniconda that relate to cryptography.

Last updated March 21, 2022

Do you accept the license terms? [yes|no]
[no] >>>

图18.10　在命令中输入"yes"

✎ **第5步：** 按回车键继续，如图18.11所示。

✎ **第6步：** 在命令行中输入"yes"并按回车键继续，如图18.12所示。

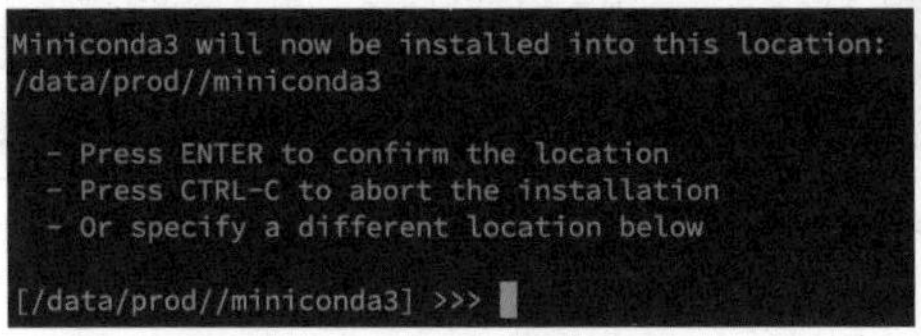

Miniconda3 will now be installed into this location:
/data/prod//miniconda3

 - Press ENTER to confirm the location
 - Press CTRL-C to abort the installation
 - Or specify a different location below

[/data/prod//miniconda3] >>>

图18.11　按回车键继续

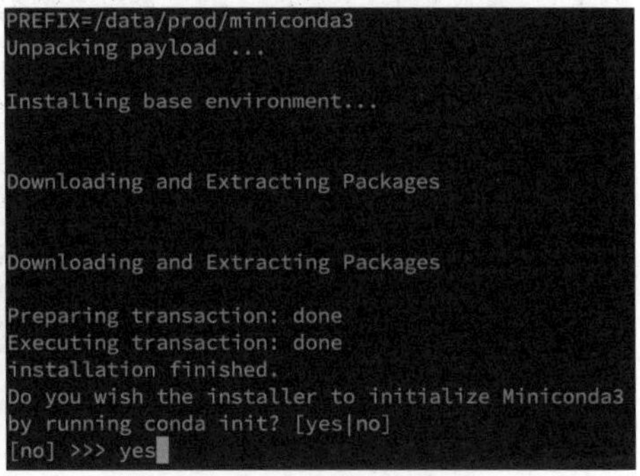

PREFIX=/data/prod/miniconda3
Unpacking payload ...

Installing base environment...

Downloading and Extracting Packages

Downloading and Extracting Packages

Preparing transaction: done
Executing transaction: done
installation finished.
Do you wish the installer to initialize Miniconda3
by running conda init? [yes|no]
[no] >>> yes

图18.12　按回车键继续

现在开始安装Stable Diffusion。

在安装之前，要确保服务器运行稳定，否则下载Hugging Face上的模型时会报错。建议使用clash-for-linux项目进行下载，它是一个以开源项目Clash作为核心程序，结合脚本实现简单代理功能的项目，主要用于解决在服务器上下载GitHub等一些国外资源时速度慢的问题。

同时，将Stable Diffusion的项目源码下载到Ubuntu服务器上。

✎ **第1步：** 在Ubuntu的服务器中执行如下命令，下载Stable Diffusion的项目源码。

```
git clone https://github.com/AUTOMATIC1111/stable-diffusion-webui.git
```

✎ **第2步：** 项目源码下载好以后，在命令行中执行如下命令进入stable-diffusion-webui目录。

```
cd stable-diffusion-webui
```

第3步： 在命令行中运行 bash webui.sh脚本，如图18.13所示。

```
################################################################
Install script for stable-diffusion + Web UI
Tested on Debian 11 (Bullseye)
################################################################

################################################################
Running on prod user
################################################################

################################################################
Repo already cloned, using it as install directory
################################################################

################################################################
Create and activate python venv
################################################################

################################################################
Launching launch.py...
################################################################
Cannot locate TCMalloc (improves CPU memory usage)
Python 3.8.16 (default, Jan 17 2023, 23:13:24)
[GCC 11.2.0]
Version: v1.2.1
Commit hash: 89f9faa63388756314e8a1d96cf86bf5e0663045
Installing torch and torchvision
Looking in indexes: https://pypi.org/simple, https://download.pytorch.org/whl/cu118
Collecting torch==2.0.1
  Downloading https://download.pytorch.org/whl/cu118/torch-2.0.1%2Bcu118-cp38-cp38-linux_x86_64.whl (2267.3 MB)
     ━━━━━━━━━━━━━━━━━━━━━━━━━━━━━━━━━━━━━━━━━━━ 1.3/2.3 GB 65.6 MB/s eta 0:00:16
```

图18.13　运行bash webui.sh脚本

这时，启动脚本会报错，如图18.14所示，根据提示解决即可。

```
Cloning Stable Diffusion into /data/prod/jiangzb/stable-diffusion-webui/repositories/stable-diffusion-stability-ai...
Cloning Taming Transformers into /data/prod/jiangzb/stable-diffusion-webui/repositories/taming-transformers...
Traceback (most recent call last):
  File "launch.py", line 369, in <module>
    prepare_environment()
  File "launch.py", line 303, in prepare_environment
    git_clone(taming_transformers_repo, repo_dir('taming-transformers'), "Taming Transformers", taming_transformers_commit_hash)
  File "launch.py", line 165, in git_clone
    run(f'"{git}" clone "{url}" "{dir}"', f"Cloning {name} into {dir}...", f"Couldn't clone {name}")
  File "launch.py", line 111, in run
    raise RuntimeError(message)
RuntimeError: Couldn't clone Taming Transformers.
Command: "git" clone "https://github.com/CompVis/taming-transformers.git" "/data/prod/jiangzb/stable-diffusion-webui/repositories/taming-trans
formers"
Error code: 128
stdout: <empty>
stderr: Cloning into '/data/prod/jiangzb/stable-diffusion-webui/repositories/taming-transformers'...
error: RPC failed; curl 56 GnuTLS recv error (-9): A TLS packet with unexpected length was received.
fatal: The remote end hung up unexpectedly
fatal: early EOF
fatal: index-pack failed
```

图18.14　报错

第4步： 执行cd stable-diffusion-webui/repositories命令，进入stable-diffusion-webui/repositories目录。

第5步： 从GitHub下载taming-transformers项目，在命令行执行命令“git clone https://github.com/CompVis/taming-transformers.git”。

第6步： 再次运行bash webui.sh脚本，如图18.15所示。

图18.15　再次运行bash webui.sh脚本

第7步：报错显示缺少xformers参数，如图18.16所示。在webui-user.sh脚本中，找到COMMANDLINE_ARGS，在字符串中加上 --xformers参数，告诉脚本在运行时加载xformers模块。如果xformers模块没有开启的话，会使AI图片的生成时间变长，GPU显存占用量变大。

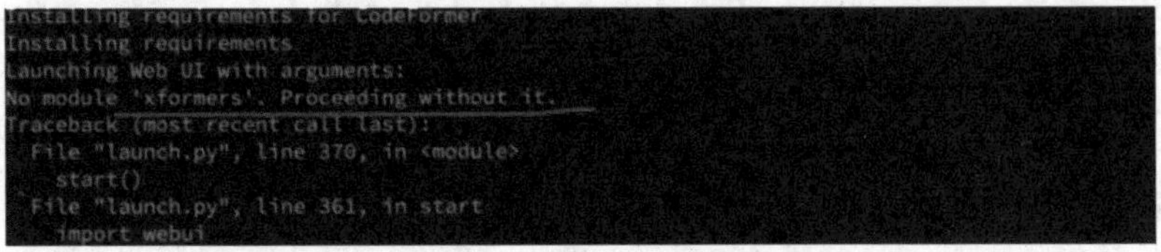

图18.16　xformers报错

第8步：在Vim编辑器中编辑webui-user.sh脚本。

第9步：将COMMANDLINE_ARGS这行注释打开，并输入如图18.17所示的命令，最后输入:wq命令保存修改后的文件并退出Vim编辑器。

图18.17　输入命令

✎ **第10步：** 再次运行bash webui.sh脚本，这时会看到脚本中在安装xformers，如图18.18所示。

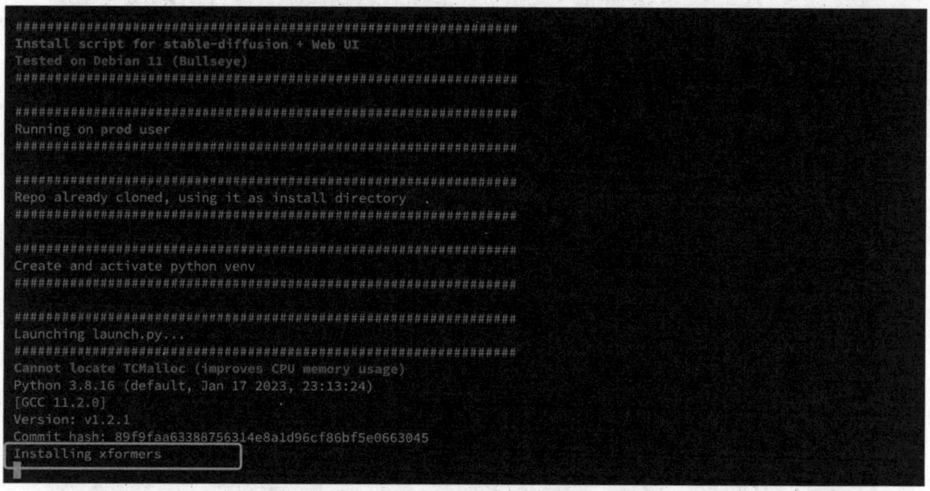

```
################################################################
Install script for stable-diffusion + Web UI
Tested on Debian 11 (Bullseye)
################################################################

################################################################
Running on prod user
################################################################

################################################################
Repo already cloned, using it as install directory
################################################################

################################################################
Create and activate python venv
################################################################

################################################################
Launching launch.py...
################################################################
Cannot locate TCMalloc (improves CPU memory usage)
Python 3.8.16 (default, Jan 17 2023, 23:13:24)
[GCC 11.2.0]
Version: v1.2.1
Commit hash: 89f9faa63388756314e8a1d96cf86bf5e0663045
Installing xformers
```

图18.18　安装xformers

安装过程中可能会出现如下报错，如图18.19所示。这个错误的意思是，无法安装torch和torchvision的Python包。

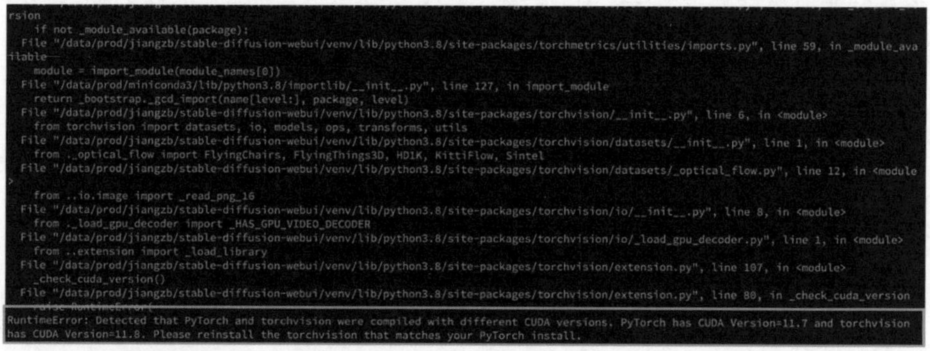

```
rsion
    if not _module_available(package):
  File "/data/prod/jiangzb/stable-diffusion-webui/venv/lib/python3.8/site-packages/torchmetrics/utilities/imports.py", line 59, in _module_ava
ilable
    module = import_module(module_names[0])
  File "/data/prod/miniconda3/lib/python3.8/importlib/__init__.py", line 127, in import_module
    return _bootstrap._gcd_import(name[level:], package, level)
  File "/data/prod/jiangzb/stable-diffusion-webui/venv/lib/python3.8/site-packages/torchvision/__init__.py", line 6, in <module>
    from torchvision import datasets, io, models, ops, transforms, utils
  File "/data/prod/jiangzb/stable-diffusion-webui/venv/lib/python3.8/site-packages/torchvision/datasets/__init__.py", line 1, in <module>
    from ._optical_flow import FlyingChairs, FlyingThings3D, HD1K, KittiFlow, Sintel
  File "/data/prod/jiangzb/stable-diffusion-webui/venv/lib/python3.8/site-packages/torchvision/datasets/_optical_flow.py", line 12, in <module
>
    from ..io.image import _read_png_16
  File "/data/prod/jiangzb/stable-diffusion-webui/venv/lib/python3.8/site-packages/torchvision/io/__init__.py", line 8, in <module>
    from ._load_gpu_decoder import _HAS_GPU_VIDEO_DECODER
  File "/data/prod/jiangzb/stable-diffusion-webui/venv/lib/python3.8/site-packages/torchvision/io/_load_gpu_decoder.py", line 1, in <module>
    from ..extension import _load_library
  File "/data/prod/jiangzb/stable-diffusion-webui/venv/lib/python3.8/site-packages/torchvision/extension.py", line 107, in <module>
    _check_cuda_version()
  File "/data/prod/jiangzb/stable-diffusion-webui/venv/lib/python3.8/site-packages/torchvision/extension.py", line 80, in _check_cuda_version
RuntimeError: Detected that PyTorch and torchvision were compiled with different CUDA versions. PyTorch has CUDA Version=11.7 and torchvision
has CUDA Version=11.8. Please reinstall the torchvision that matches your PyTorch install.
```

图18.19　安装报错

✎ **第11步：** 在命令行中输入如下命令，下载torch和torchvision，然后运行脚本安装这两个包。

```
wget https://download.pytorch.org/whl/cu117/torch-
1.13.1%2Bcu117-cp38-cp38-linux_x86_64.whl
wget https://download.pytorch.org/whl/cu117/torchvision-
```

```
0.14.1%2Bcu117-cp38-cp38-linux_x86_64.whl
```

第12步： 在stable-diffusion-webui目录下，执行如下命令安装torch和torchvision包。

```
venv/bin/pip install torch-1.13.1+cu117-cp38-cp38-linux_x86_64.whl
venv/bin/pip install torchvision-0.14.1+cu117-cp38-cp38-linux_
x86_64.whl
```

第13步： 接着运行bash webui.sh脚本。

出现如下报错，如图18.20所示，这是因为缺少opencv-python-headless包，执行pip install opencv-python-headless命令安装即可。

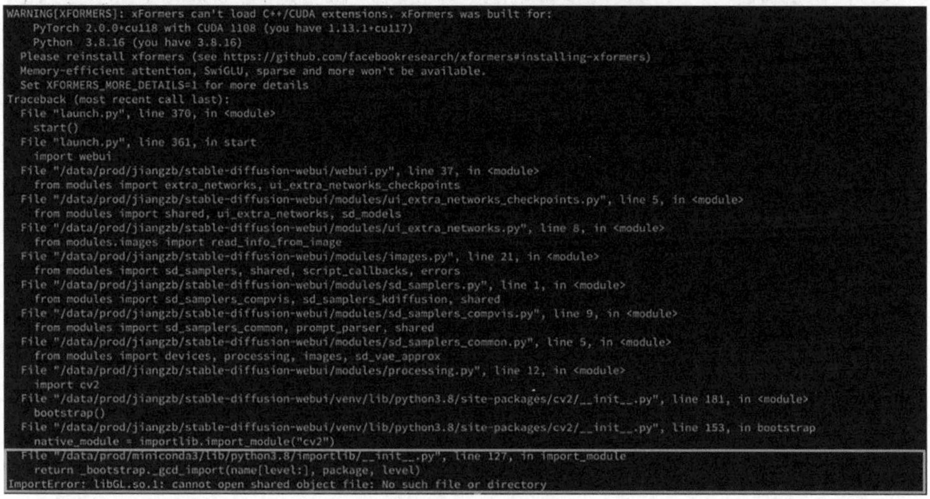

```
WARNING[XFORMERS]: xFormers can't load C++/CUDA extensions. xFormers was built for:
    PyTorch 2.0.0+cu118 with CUDA 1108 (you have 1.13.1+cu117)
    Python  3.8.16 (you have 3.8.16)
  Please reinstall xformers (see https://github.com/facebookresearch/xformers#installing-xformers)
  Memory-efficient attention, SwiGLU, sparse and more won't be available.
  Set XFORMERS_MORE_DETAILS=1 for more details
Traceback (most recent call last):
  File "launch.py", line 370, in <module>
    start()
  File "launch.py", line 361, in start
    import webui
  File "/data/prod/jiangzb/stable-diffusion-webui/webui.py", line 37, in <module>
    from modules import extra_networks, ui_extra_networks_checkpoints
  File "/data/prod/jiangzb/stable-diffusion-webui/modules/ui_extra_networks_checkpoints.py", line 5, in <module>
    from modules import shared, ui_extra_networks, sd_models
  File "/data/prod/jiangzb/stable-diffusion-webui/modules/ui_extra_networks.py", line 8, in <module>
    from modules.images import read_info_from_image
  File "/data/prod/jiangzb/stable-diffusion-webui/modules/images.py", line 21, in <module>
    from modules import sd_samplers, shared, script_callbacks, errors
  File "/data/prod/jiangzb/stable-diffusion-webui/modules/sd_samplers.py", line 1, in <module>
    from modules import sd_samplers_compvis, sd_samplers_kdiffusion, shared
  File "/data/prod/jiangzb/stable-diffusion-webui/modules/sd_samplers_compvis.py", line 9, in <module>
    from modules import sd_samplers_common, prompt_parser, shared
  File "/data/prod/jiangzb/stable-diffusion-webui/modules/sd_samplers_common.py", line 5, in <module>
    from modules import devices, processing, images, sd_vae_approx
  File "/data/prod/jiangzb/stable-diffusion-webui/modules/processing.py", line 12, in <module>
    import cv2
  File "/data/prod/jiangzb/stable-diffusion-webui/venv/lib/python3.8/site-packages/cv2/__init__.py", line 181, in <module>
    bootstrap()
  File "/data/prod/jiangzb/stable-diffusion-webui/venv/lib/python3.8/site-packages/cv2/__init__.py", line 153, in bootstrap
    native_module = importlib.import_module("cv2")
  File "/data/prod/miniconda3/lib/python3.8/importlib/__init__.py", line 127, in import_module
    return _bootstrap._gcd_import(name[level:], package, level)
ImportError: libGL.so.1: cannot open shared object file: No such file or directory
```

图18.20　安装报错

安装opencv-python-headless包必须获得root权限，如图18.21所示。

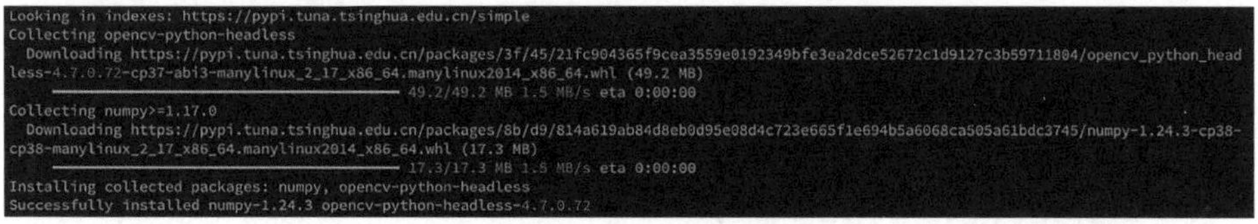

```
Looking in indexes: https://pypi.tuna.tsinghua.edu.cn/simple
Collecting opencv-python-headless
  Downloading https://pypi.tuna.tsinghua.edu.cn/packages/3f/45/21fc904365f9cea3559e0192349bfe3ea2dce52672c1d9127c3b59711804/opencv_python_head
less-4.7.0.72-cp37-abi3-manylinux_2_17_x86_64.manylinux2014_x86_64.whl (49.2 MB)
     ━━━━━━━━━━━━━━━━━━━━━━━━━━━━━━━━━━━━━━━━ 49.2/49.2 MB 1.5 MB/s eta 0:00:00
Collecting numpy>=1.17.0
  Downloading https://pypi.tuna.tsinghua.edu.cn/packages/8b/d9/814a619ab84d8eb0d95e08d4c723e665f1e694b5a6068ca505a61bdc3745/numpy-1.24.3-cp38-
cp38-manylinux_2_17_x86_64.manylinux2014_x86_64.whl (17.3 MB)
     ━━━━━━━━━━━━━━━━━━━━━━━━━━━━━━━━━━━━━━━━ 17.3/17.3 MB 1.5 MB/s eta 0:00:00
Installing collected packages: numpy, opencv-python-headless
Successfully installed numpy-1.24.3 opencv-python-headless-4.7.0.72
```

图18.21　需要获得root权限

第14步： 再次运行bash webui.sh脚本，日志显示部署成功，如图18.22所示。复制http://0.0.0.0/12345在网页中打开Stable Diffusion界面，如图18.23所示，

如果无法访问，请用服务器的真实IP替换0.0.0.0再进行尝试。

图18.22 成功运行bash webui.sh脚本

图18.23 Stable Diffusion界面

3. Stable Diffusion模型简介

Stable Diffusion有多种模型，如表18.2所示。

表18.2　Stable Diffusion模型

类型	文件格式	存放目录	说明
Check Point	.ckpt, .safetensors	stable-diffusion-webui/ models/Stable-diffusion	是Stable Diffusion绘图的 主要模型
VAE	.pt, .ckpt	stable-diffusion-webui/ models/VAE	美化模型，有滤镜和微调 功能
Embeddings	.pt	stable-diffusion-webui/ embeddings	微调模型，用于训练模型 生成个性化图像
Hypernetworks	.pt	stable-diffusion-webui/ models/hypernetworks	能通过训练生成特定画风 的图像
Lora	.pt, .safetensors, .ckpt	stable-diffusion-webui/ models/Lora	微调模型，用于控制特定 风格或特征属性

Civitai（别名C站）是一个艺术创作网站，提供了各种AI绘画模型。这些模型可以根据读者提供的文本或图像生成各种风格的艺术作品。网站上有超过1700个模型可供选择，每个模型都有社区评价和示例图片。读者还可以上传自己的模型，与其他人分享。

Civitai首页如图18.24所示。

图18.24　Civitai首页

将想要使用的模型下载到stable-diffusion-webui/models/Stable-diffusion目录，下载完之后，直接单击刷新按钮，然后找到你想使用的模型即可，如图18.25所示。

图 18.25　切换模型

18.2.2　插件安装

Stable Diffusion 可配置大量扩展插件，在插件安装选项的输入框中输入 Git 地址即可，如图 18.26 所示。

如果某些插件安装出错，可以在服务器将 Git 项目下载到 stable-diffusion-webui/extensions 目录，根据 Git 的文件提供的配置说明进行必要的配置，安装后重启用户界面即可，如图 18.27 所示。

图 18.26　安装插件　　　　图 18.27　安装后重启用户界面

18.3　Stable Diffusion 使用教程

本节我们将介绍 Stable Diffusion 的基础知识，包括正向和负向提示词的应用、CFG Scale 和 SamplingSteps 参数的调节方法，以及如何使用 Hires.fix 高分辨率修复功能，生成更符合要求的绘画作品。

提示词是用来指导 Stable Diffusion 生成图像的词汇。正向提示词鼓励模型创造特定内容，比如用"夏日海滩"来生成沙滩景色；负向提示词则用来排除不想要的元素，比如用"无人"来避免人物出现在画面中。CFG Scale（提示词相关性）可以控制提示词的重要性，Sampling Steps（采样步数）决定画面质量和多样性，Hires. fix（高分辨率修复）则用于提高画面清晰度。这些参数会影响模型的性能和画面质量。

1. 正向提示词

正向提示词就是对"想要生成的对象"进行文字描述。提示词示例：巴黎雪景图，冬天，美丽，冰，街道，树，超详细。

生成的图片如图18.28所示。

图 18.28　生成巴黎雪景图

2. 负向提示词

负向提示词用来提示 Stable Diffusion 在生成图像时去除不想要的元素。该功能不仅会改变图像的内容，还能美化图片。在负向提示词中加入"人"，可以去掉画面中的人，只留下雪景，如图18.29所示。

图18.29　巴黎雪景图添加负向提示词

Stable Diffusion中正向提示词设置页面和负向提示词设置页面如图18.30所示。

图18.30　提示词设置页面

3. CFG Scale

CFG Scale是控制图像与提示词匹配度的参数。这个参数的值越高，生成的图像越符合提示词的描述，但可能损害图像质量，可通过增加采样步数来抵消这一影响。CFG Scale与采样步数之间有关系，当CFG Scale值为6～12时，图像表现更好。增加CFG Scale值还可提高图像质量和细节，特别是当采样步数为10～20步时，差距明显，如图18.31所示。

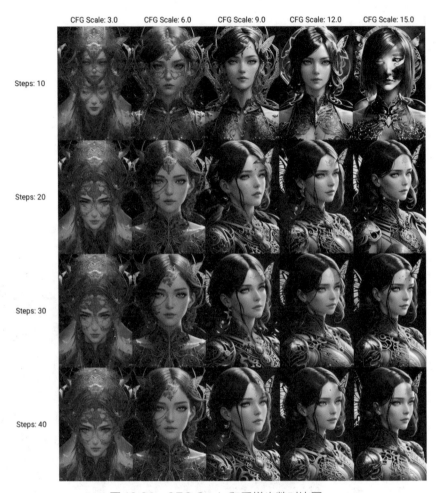

图18.31　CFG Scale和采样步数对比图

Stable Diffusion还有以下其他重要参数。

生成批次：指通过设置批次大小和批次数量来控制生成图像的数量和质量。增加批次数量可提高效率，但需要占用更多显存，如果显存不超过12GB，批次数量应设置为1。

尺寸：决定图像的大小，太大的尺寸可能出现多个主题，较小的尺寸可能会限制图像的细节。尺寸的选择应根据具体需求和计算资源的限制进行权衡。使用高分辨率修复技术可以提升生成图像的质量。

种子：决定生成图片的随机性，它初始化了图像生成的起始点。相同参数下，相同种子会生成相同图片。

这些参数能控制生成模型的创作过程，影响图像的数量、大小和内容随机性。理论上，使用相同的参数（如采样步数、CFG Scale值、种子、提示词），会生成相同的图片。

4. 采样步数

Stable Diffusion是通过逐步降噪来生成图像的。它从随机噪声开始，逐渐减少噪声以接近提示内容。增加步数可以得到更精细的图像，但也增加生成时间。通常，增加步数的效益是递减的，一般设置在20步到30步之间，生成的图像更接近想要的结果。

不同采样步数之间的差异如下。

采样步数在30步以上，所有采样器生成的图像都会变得稳定，如图18.32所示。

图18.32　不同采样步数对比

5. 高分辨率修复

高分辨率修复通过勾选Hires.fix来启用，如图18.33所示。

图18.33 高分辨率修复设置

默认情况下，高分辨率下的生成图像可能会看起来很混乱。使用高分辨率修复时，首先生成一个小图，然后通过算法扩大图像以获得高清效果。最终图像的大小等于原始分辨率乘以放大系数。

高分辨率修复的主要参数如下。

Upscaler（高清化算法）：一种图像放大的算法。不同算法对图像质量的影响有所不同，因此需要根据具体需求选择适合的算法。

Hires steps（高分辨率采样步数）：影响生成图像质量和多样性的参数。更多的步数通常产生更高质量、更真实的图像，但需要更多计算资源和时间。

Denoising strength（重绘强度）：控制生成图像与原始图像的相似度。值越高，图像差异越大。重绘强度通常设置在0.7左右，高于0.7生成图像基本与原始图像无关，低于0.3则生成图像只略微改变。

这些参数可以在高分辨率下获得更好的图像效果，根据需要进行调整即可。

不同高分辨率修复算法对比如图18.34所示。

图18.34 不同高分辨率修复算法对比图

根据多变量分析和图像对比，效果比较好的高清算法有三个：Real-ESRGAN、BSRGAN和SwinIR。如果要绘制真实的人物图像，建议使用ESRGAN高清算法。如果要绘制动漫人物，建议使用Real-ESRGAN高清算法。

18.4 提示词使用技巧

本节我们将深入探讨Stable Diffusion的万能公式及如何正确使用提示词来生成想要的图像。我们将详细介绍如何调整提示词的权重，以获得理想的创作效果。通过学习本节的内容，读者可以掌握Stable Diffusion提示词的核心要点，创作出更具个性和想象力的艺术品。

18.4.1 提示词规则

Stable Diffusion提示词的使用有一定的规则：先是画面质量，然后是主题、风格、艺术家和其他细节。这些提示词的重要性取决于它们的位置，位置越靠前，其重要性越高。这些规则可以帮助用户创作出符合期望的图像。

不同提示词的效果对比如图18.35所示。

（杰作，复杂，高度细致，质量最好）,（8K,美丽的棕色头发的半机械人肖像）,（数字摄影,Artgerm,阮佳和Greg Rutkowski创作的超现实绘画,金蝴蝶丝）,（碎玻璃,侧光,精细的眼睛）

（杰作）,（极其复杂）,幻想,看着观众,一个高加索男子的照片,Atey Ghailan、Studio Ghibli、Jeremy Mann、Gregory Manchess、Antonio Moro 的专业画作,在ArtStation 上流行,在 CGSociety 上流行,Greg Rutkowski的照片再现,绘画艺术,复杂的脸和眼睛

（8K,RAW 照片,最佳质量,杰作: 1.2）,（逼真,照片级真实感: 1.37）,辛烷渲染,超高分辨率,超详细,专业照明,光子贴图,光能传递,基于物理的渲染,虚幻引擎5,（岛屿避难所）,（古代堕落王国）,（水中反射）,（光线追踪）,溺水城市）

女孩抱猫,猫耳朵,蓝色,金色,白色,紫色,龙鳞甲,森林背景,幻想风格,史诗般逼真,褐色,（中性色）,艺术,（HDR:1.5）,（柔和光泽: 1.2）,超细节,电影,暖光,戏剧性的光,（复杂细节: 1.1）,复杂背景,白发

图18.35 不同提示词的效果对比图

18.4.2 提示词工具

提示词工具可以帮助用户写出更好的提示词，这里给大家分享一个比较好用

的提示词生成网站：Prompt Tool。

这个网站罗列了丰富的Stable Diffusion提示词，并将其归类，最重要的是用户可以看到不同提示词的效果预览图。网站首页如图18.36所示。

图18.36　提示词网站首页

你可以按照起手/画面品质，主体物/人物，构图，画风，相关艺术家，背景/其他的顺序逐个添加提示词。

在Prompt Tool提示词面板的第二项"调整描述词，排序/修改权重"中，你可以通过拖动不同提示词的位置来调整提示词的顺序，也可以添加权重，如图18.37所示。

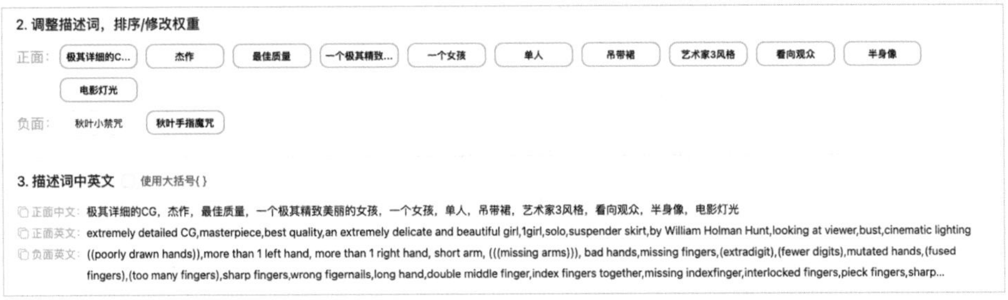

图18.37　提示词面板

下面两张图是用Prompt Tool提供的提示词生成的两张人物图像，如图18.38所示。

图 18.38　生成图片

18.4.3　权重

提示词加权重的规则是在想要添加权重的提示词上用英文括号将提示词括起来，并按照下面的规则设置权重的倍数，提示词的权重越大，Stable Diffusion模型越关注这个词语，也会在这个词语上绘制得更加精细。

◎ (提示词)：将权重提高 1.1 倍。

◎ ((提示词))：将权重提高 1.21 倍（= 1.1 × 1.1）。

◎ [提示词]：将权重降低至原先的 90.91%。

◎ (提示词:1.5)：将权重提高 1.5 倍。

◎ (提示词:0.25)：将权重减少为原先的 25%。

添加权重还可以通过叠加括号来实现，叠加后的权重计算方法如下。

$$(n) = (n:1.1)$$
$$(n)) = (n:1.21)$$

$$(n))) = (n{:}1.331)$$
$$(n)))) = (n{:}1.4641)$$
$$(n)))) = (n{:}1.61051)$$
$$(n))))) = (n{:}1.771561)$$

请注意，权重最好不要超过 1.5。

18.4.4　when提示词

when提示词用于在绘制指定步数后去绘制另一种提示词效果。

◎ [to:when]：在指定数量的步数后将 to 处的提示词添加到提示。

◎ [from::when]：在指定数量的步数后从提示中删除 from 处的提示词。

◎ [from:to:when]：在指定数量的步数后将 from 处的提示词替换为 to 处的提示词。

下面通过一个案例详细介绍 when 的用法。

提示词：a [fantasy:cyberpunk:16] landscape

一开始，读入的提示词为 a fantasy landscape（奇幻景观），在第 16 步之后，提示词被替换为 a cyberpunk landscape（赛博朋克景观），Stable Diffusion 将继续在之前的图像上计算生成新图像。

在第一张图中，图像更偏向奇幻风格，到最后画完的时候开始转向赛博朋克风格，最后的图也确实为赛博朋克风格，如图 18.39 和图 18.40 所示。

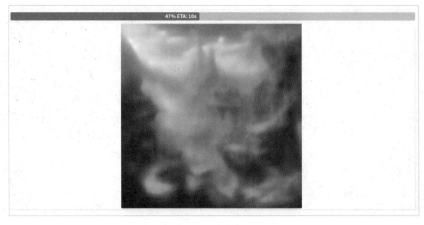

图 18.39　绘图过程

图 18.39 绘图过程（续）

图 18.40 最终生成效果图

18.5 ControlNet

ControlNet是一个用于控制AI图像生成的插件，可让用户精细控制生成的图像。ControlNet在计算机视觉、艺术设计、虚拟现实等领域非常有用。如果使用Windows系统，可直接将模型复制到指定目录。对于Ubuntu或Linux系统，请打开链接"https://github.com/Mikubill/sd-webui-controlnet"并按上面的方法安装ControlNet。

18.5.1 安装

✎ **第1步：** 在Ubuntu系统的命令行中输入如下命令，进入extensions目录。

```
cd stable-diffusion-webui/extensions
```

✎ **第2步：** 输入如下命令下载ControlNet的插件代码。

```
git clone https://github.com/Mikubill/sd-webui-controlnet.git
```

✎ **第3步：** 插件代码下载完后，将对应的模型下载到指定目录。

ControlNet模型地址：https://huggingface.co/lllyasviel/ControlNet-v1-1/tree/main。

✎ **第4步：** 打开ControlNet模型地址，将模型文件全部下载到stable-diffusion-webui/extensiions/controlnet/models目录下，如图18.41所示。

control_v11e_sd15_ip2p.pth	☐ pickle	1.45 GB ● LFS	⬇	Upload 28 files
control_v11e_sd15_ip2p.yaml		1.95 kB	⬇	Upload 28 files
control_v11e_sd15_shuffle.pth	☐ pickle	1.45 GB ● LFS	⬇	Upload 28 files
control_v11e_sd15_shuffle.yaml		1.98 kB	⬇	Upload 28 files
control_v11f1e_sd15_tile.pth		1.45 GB ● LFS	⬇	Upload 2 files
control_v11f1e_sd15_tile.yaml		1.95 kB	⬇	Upload 2 files
control_v11f1p_sd15_depth.pth	☐ pickle	1.45 GB ● LFS	⬇	Upload 2 files
control_v11f1p_sd15_depth.yaml		1.95 kB	⬇	Upload 2 files
control_v11p_sd15_canny.pth	☐ pickle	1.45 GB ● LFS	⬇	Upload 28 files
control_v11p_sd15_canny.yaml		1.95 kB	⬇	Upload 28 files
control_v11p_sd15_inpaint.pth	☐ pickle	1.45 GB ● LFS	⬇	Upload 28 files

图18.41 下载模型文件

第5步： 下载完之后，重启用户界面。最新的ControlNet已经更新到v1.1.173版本，这个版本新增了很多功能。初次使用时只能看到一个控制单元，但我们可以设置多个ControlNet窗口，如图18.42所示。

第6步： 在用户界面设置多个ControlNet窗口：单击"设置"选项，找到ControlNet，设置你想设置的ControlNet个数，如4，单击"应用设置"，重新加载用户界面。

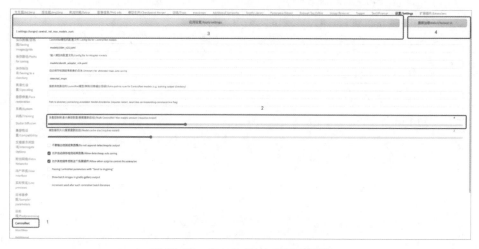

图18.42　ControlNet多窗口设置

接着你会在ControlNet界面中看到4个窗口，如图18.43所示。

图18.43　ControlNet多个窗口展示

18.5.2　ControlNet主要模型

Stable Diffusion的ControlNet模型根据功能可分为几大类别，其中，Canny和Lineart用于线稿提取，Depth用于深度检测，Openpose用于姿势检测，Mlsd用于直线检测，Reference用于参考，Scribble用于涂鸦生成，Seg用于语义分割，Softedge用于边缘检测，Color用于颜色迁移，Shuffle用于风格迁移，Tile则用于高清修复、补充细节和修改细节等多种任务。这些不同类型的ControlNet模型为各种图像处理提供了强大的支持，如表18.3所示。

表18.3　ControlNet常见的模型

模型	作用	模型	作用
Lineart、Canny	提取线稿	Seg	语义分割
Depth	深度检测	Softedge	边缘检测
Openpose	姿势检测	Color	颜色迁移
Mlsd	直线检测	Shuffle	风格迁移
Reference	参考	Tile	高清修复、补充细节和修改细节等
Scribble	涂鸦生成		

18.5.3　模型使用方法

有的模型预处理器较多，比如Lineart模型有lineart_anime、lineart_anime_denoise、lineart_coarse、lineart_realistic、lineart_standard。这些预处理器在线稿提取上有一些差异，根据自己的需要选择即可，如果不知道选哪个，可以挨个尝试，用xyz工具进行对比。一般常用lineart_realistic。

预处理器选择好以后，模型选择对应的即可。例如，预处理器选择的是lineart_realistic，模型选择Lineart即可，其参数设

图18.44　参数配置

置如图18.44所示。

每个模型使用到的负向提示词都是相同的。不同案例的正向提示词会有些差别，在下面的讲解中另行给出。

负向提示词：低分辨率，糟糕的解剖结构，糟糕的手，文本，错误，缺失的手指，多余的数字，更少的数字，裁剪，低质量，正常质量，伪影，签名，水印，用户名，模糊。

绘图的主模型：dreamshaper_4BakedVae。

接下来分别用不同模型来生成图片。

1. Lineart与Canny

Lineart与Canny都是提取线稿。Lineart对线稿的处理能力极为优秀，能够提取连续线稿。相比之下，Canny提取的线稿比较粗糙，两者的效果对比如图18.45所示。

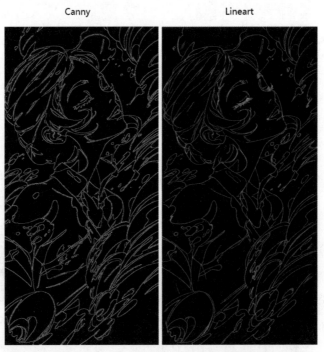

图18.45　Lineart与Canny的效果对比图

正向提示词：（最好的质量，杰作），女孩，闭上眼睛，上半身，飞溅，抽象。生成图片效果如图18.46所示。

设置ControlNet参数时一定要勾选"启用";低显存模式可以降低显存占用;Pixel Perfect能对图像进行优化,也建议勾选;Allow Preview勾选后,单击方框中的星星可以看到预处理的线稿;其他的参数保持不变,如图18.47所示。

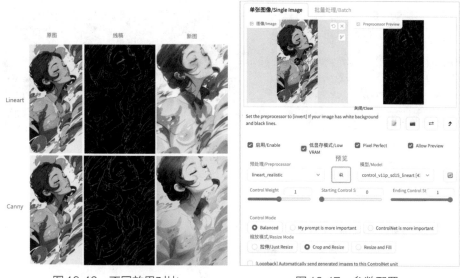

图18.46 不同效果对比

图18.47 参数配置

不同的Lineart预处理器绘制的图片风格大体上一致,但仍有细微区别,如图18.48所示。

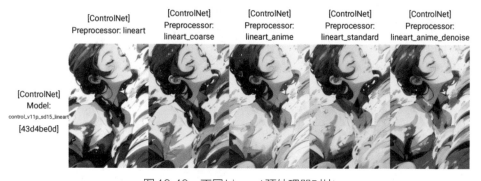

图18.48 不同Lineart预处理器对比

2. Depth

Depth模型通过提取图片中的深度信息,进而生成具有同样深度结构的图像。当原图中的人物有前后关系时,Depth的效果更好。

不同的Depth预处理器生成的图片对比如图18.49所示，参数配置如图18.50所示。

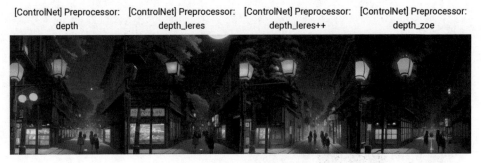

图 18.49　不同效果对比

图 18.50　参数配置

　　正向提示词：（最佳质量：1.3），杰作，繁忙的街道，夜晚，月光，专业雄伟的动漫风格，新海诚，吉卜力工作室，ArtStation热门，CGSociety热门，错综复杂，高细节，锐利焦点，戏剧性。

生成图片效果如图18.51所示。

原图　　　　　　　　　深度图　　　　　　　　　新图

图18.51　Depth模型生成效果

3. Openpose

Openpose模型主要包括脸部、全身、手部和姿势识别这4类预处理器，如图18.52所示。

openpose_face：同时识别姿势和脸部。

openpose_faceonly：只识别脸部。

openpose_full：同时识别脸部、手及身体姿势。

openpose_hand：识别手部。

Openpose的不同预处理器预览图如图18.53所示。

人体姿势检测 (openpose)/openpose
openpose_face　脸部识别
openpose_faceonly　只识别脸部
openpose_full　全身检测
openpose_hand　手部检测

图18.52　Openpose不同预处理器

openpose_face　　openpose_faceonly　　openpose_full　　openpose_hand　　openpose

图18.53　不同Openpose预处理器预览效果

下面给出一个姿势检测示例，读者可以自行测试，绘图效果和参数设置如图18.54和图18.55所示。

正向提示词：（最好的质量，杰作），女孩，多云的天空，蒲公英，对立构图，复杂，优雅，高度详细，数码摄影。

图18.54　Openpose绘图效果

图18.55　Openpose参数配置

4. Reference

正向提示词：（最好的质量，杰作），女孩，短发，黄色西装，超高清，超多的细节。

Reference绘图效果、Reference参数配置和高分辨率修复参数配置，分别如图18.56至图18.58所示。

参考图　　　　　　　　新图

图18.56　Reference绘图效果

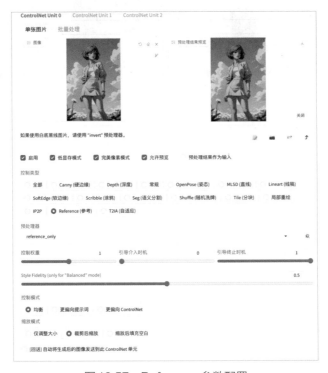

图18.57　Refernece参数配置

图 18.58　高分辨率修复参数配置

在提示词相同的情况下，若只改变参考权重，权重越高，绘画风格越偏向于输入的参考图，不同权重生成的图像差别如图 18.59 所示。

正向提示词：平面色彩（最佳质量，杰作），女孩。

图 18.59　不同权重生成图像的差别

其他参数配置如图 18.60 所示。

图 18.60　其他参数配置

绘画基础与商业实战

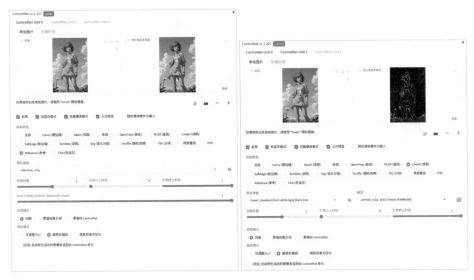

图 18.60　其他参数配置（续）

5. Scribble

正向提示词：（最好的质量，杰作），女孩，黄色西装，短发，多云的天空，蒲公英，对立构图，交替发型。

生成图片效果如图 18.61 所示。

原图　　　　涂鸦　　　　新图

图 18.61　Scribble 效果

参数配置如图 18.62 所示。

图18.62 Scribble参数配置

不同Scribble预处理器生成的草图对比如图18.63所示。

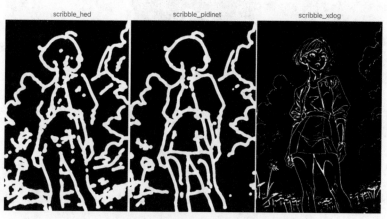

图18.63 不同预处理器生成草图对比

不同预处理器最终生成的效果图也有差别，如图18.64所示。

图18.64 不同预处理器生成效果图

6. Seg

Seg是指对用户上传的图片进行语义分析，识别图片中包含的信息后分割画面内容，旨在将图像中的每个像素分配给特定的语义类别，如天空、海、沙滩、树木、石头，从而实现精准绘图。

正向提示词：宁静的海滩，清澈的海水和柔软的白色沙滩，动漫风格，高分辨率。

生成图片效果如图18.65所示。

图18.65 Seg生成图像效果

参数配置如图18.66所示。

图18.66　参数配置

不同Seg预处理器生成的草图和效果图对比，如图18.67所示。

图18.67　不同Seg预处理器生成的草图和效果图对比

7. Softedge

Softedge可以识别模糊的线稿，并根据线稿进行绘图。这种方法相比Canny和Lineart粒度更粗，适合生成不需要精细识别、让AI有更多创作空间的画作。

正向提示词：宁静的海滩，清澈的海水和柔软的白色沙滩，动漫风格，分辨率高。

生成的效果图如图18.68所示。

图 18.68　Softedge 效果图

参数配置如图 18.69 所示。

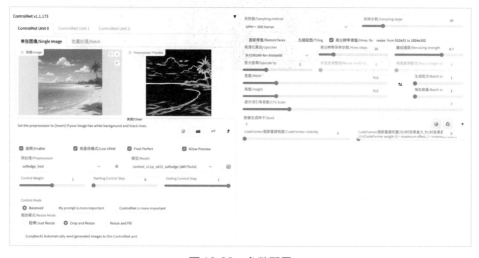

图 18.69　参数配置

不同 Softedge 预处理器生成的图像对比如图 18.70 所示。

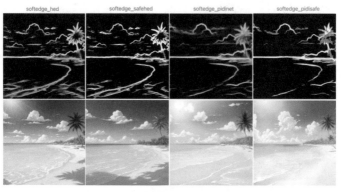

图 18.70　不同预处理器生成图像对比

8. Mlsd

Mlsd能精确识别画面中的直线，适用于生成直线较多的图像。

正向提示词：房间，家居装饰，室内，建筑，家具，客厅，沙发，桌子，屏幕，电子设备，显示器，计算机硬件，门厅，灯光，植物，室内设计。

生成的效果图如图18.71所示。

图18.71　Mlsd效果图

参数配置如图18.72所示。

图18.72　参数配置

这里我们将Mlsd替换为Canny、Lineart、Softedge进行效果对比，如图18.73所示。

图18.73　效果对比

9. Color

Color是通过提取输入图像的颜色生成色块，并将色彩应用在新图中。

这个功能可以通过ControlNet中的color_grid预处理器和Color模型实现，生成图像效果如图18.74所示。

正向提示词：梦幻之家，采用细腻的笔触，深青色和深琥珀色，仙女风，逼真渲染，手工着色，发光的视觉效果。

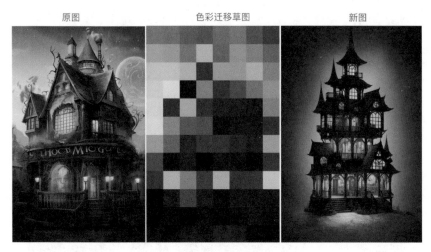

图18.74　Color效果图

参数配置如图18.75所示。

图18.75　参数配置

10. Shuffle

Shuffle用于根据图像的内容生成相似风格的图像，它能够在保持整体风格的情况下展现每个模型的特点，从而生成有趣的图像，而无须输入冗长的提示。对于简单的风格转移，Shuffle是一个不错的选择，如图18.76所示。

正向提示词：（杰作，顶级品质，最佳品质，官方艺术，唯美：1.2），（女孩），极端细节，（分形艺术：1.3），丰富多彩，最高细节。

图18.76　Shuffle效果图

绘画基础与商业实战

参数配置如图18.77所示。

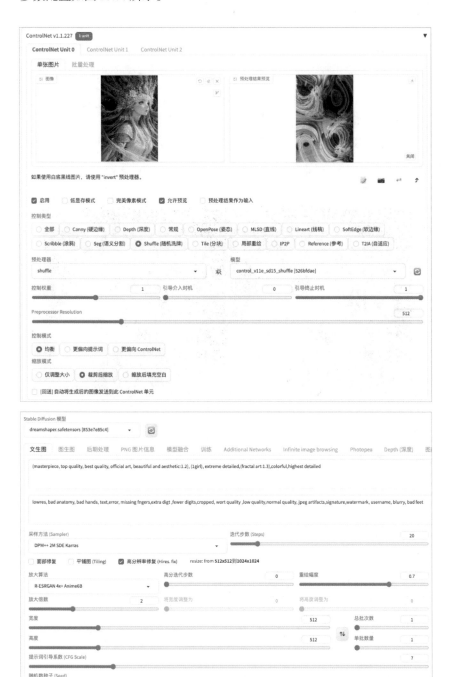

图18.77　参数配置

11. Tile

Tile是非常强大的模型，其主要功能如下。

功能一：高清修复。 Tile模型是出色的高清修复工具，它能自动提取细节内容，对模糊图片进行修复，让图像更清晰。

上传一张低分辨率的图片，如256×384。

正向提示词：杰作，8K，一只狗。

可以看到原本模糊的图像被智能修复，并补充了很多细节。原图与新图对比如图18.78所示。

图18.78　高清修复效果对比图

在ControlNet中，预处理器选择"tile_resample"，模型选择Tile，勾选"启用"，如图18.79所示。

图18.79　参数配置

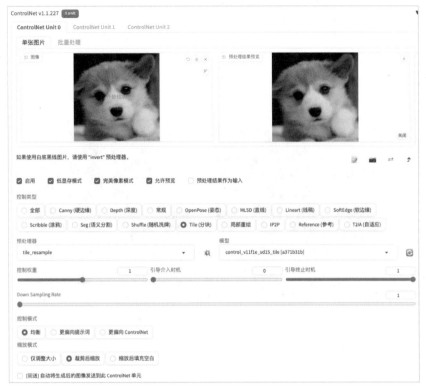

图18.79　参数配置（续）

高清修复通过重采样对原图中模糊的细节进行修复和补充，新生成图片将会忽略原图细节，产生新的细节。Tile和传统高清修复对比如图18.80所示。

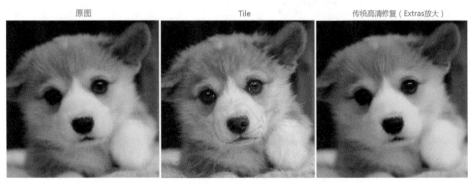

图18.80　Tile和传统高清修复对比

功能二：补充细节。 再上传一张原图，不仅模糊，还缺失了很多细节，通过

Tile模型修复了细节，图像也清晰了不少，如图18.81所示。

正向提示词：杰作，8K，（绿色草坪环绕的小房子），黑砖墙，一棵大树，红色的屋顶。

图18.81　Tile细节补充效果图

其参数配置如图18.82所示。

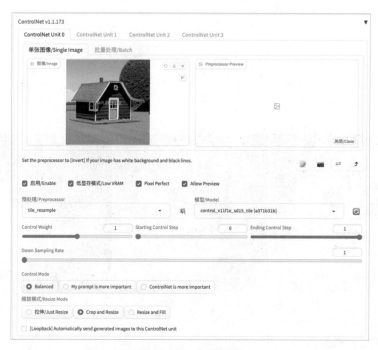

图18.82　参数配置

功能三：修改细节。 Tile还可以修改细节，在整体结构不变的情况下，更换画风或颜色。

使用Tile将写实风转换为动漫风，如图18.83所示。

正向提示词：杰作，8K，一只棕色的狗，动漫风格。

图 18.83　写实风转动漫风

这里Tile模型的模式要改成"更偏向提示词"，其他配置不变，参数配置如图18.84所示。

图 18.84　参数配置

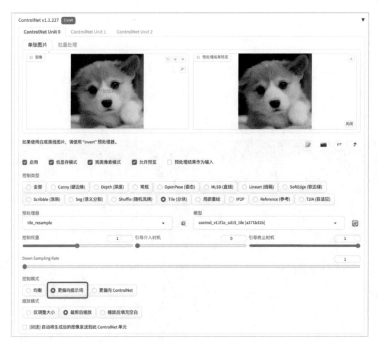

图18.84 参数配置（续）

使用Tile换颜色，将黄色更换为棕色，如图18.85所示。

正向提示词：杰作，最佳质量，8K，棕色的狗。

图18.85 更改颜色

这里Tile模型的"均衡"模式要比"更偏向提示词"效果好，一般改动不大时使用"均衡"模式，改动较大时使用"更偏向提示词"模式，其他配置不变，如图18.86所示。

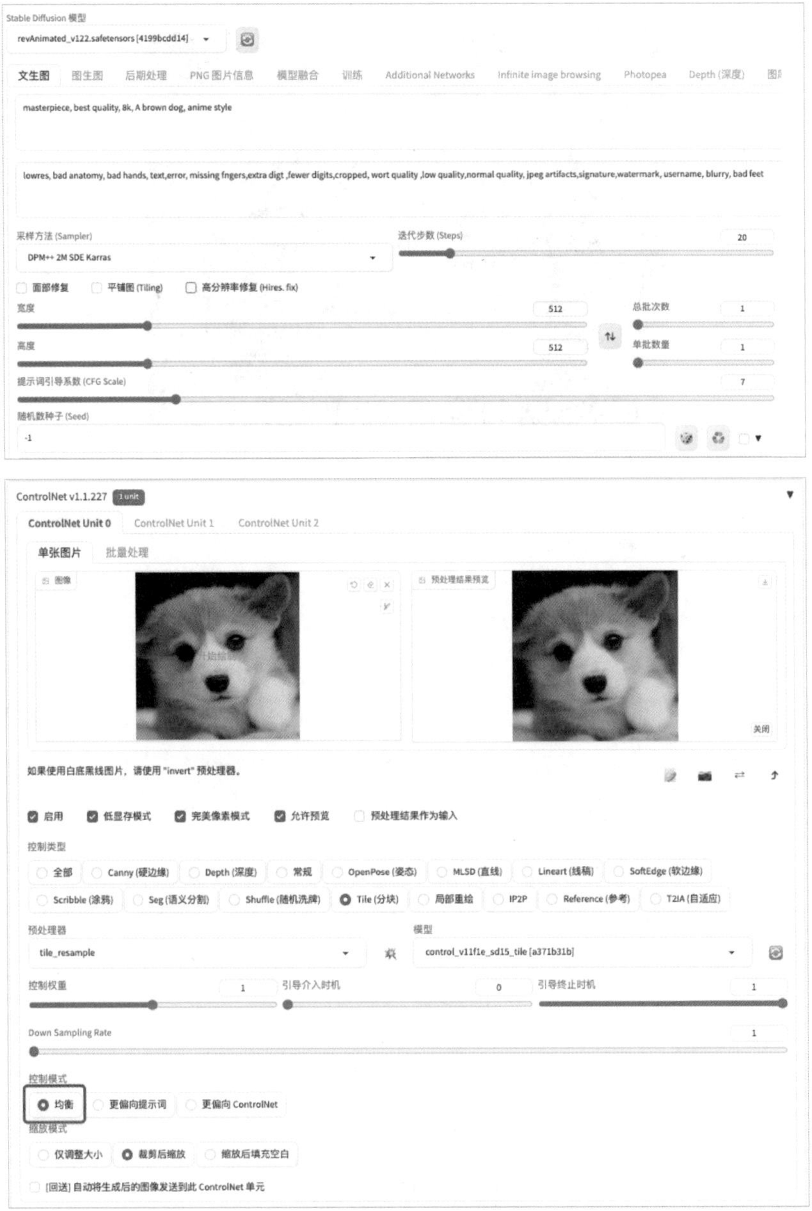

图 18.86　参数配置

　　功能四：结合 Tiled Diffusion 分块放大生成超大高清图。Tile 模型与 Tiled Diffusion 配合，是获得 4K、8K 超高分辨率大图的完美解决方案。从放大后的细节对比图可以看出，在丰富了细节的同时，图像也更高清，比传统的高清放大工具强很多，如图 18.87 所示。

原图　　　　　　　　高清图

图 18.87　高清修复效果图

切换到图生图模式，提示词和其他参数保持不变，仅调整"重绘幅度"，注意不要高于 0.7，高了的话，画面细节虽然更丰富，但是会多出一些不相关的内容，反而影响了最终效果；step 设置为 20～25 就可以了。

ControlNet 中勾选"启用"，预处理器默认"none"，模型选择"Tile"。

在 Tiled Diffusion 中设置分块放大宽和高、放大比例、放大算法，其他保持默认即可。这里因为我的显存为 24GB，因此可以选择放大 4 倍，大家需要根据自己的显存调整放大比例和分块大小。参数配置如图 18.88 所示。

图 18.88　参数配置

图18.88 参数配置（续）

更详细的参数配置如图18.89所示。如此即可生成图18.87中的高清图。

图18.89 详细参数配置

功能五：**替换提示词**。这里我们将原图中的黑色裙子换成白色，蓝色眼睛换成棕色，生成新的图，可以看到整体姿势和细节跟原图很相似，其他的都是按照提示词进行绘图，如图18.90所示。

正向提示词：杰作，最好的品质，女孩，（精致的眼睛和脸），微笑，白裙子，棕色的眼睛，白发，月光，夜晚，黑暗的城堡，动漫风格。

原图　　　　　　　　　　　　　　新图

图 18.90　替换提示词

注意：替换提示词时需要对配置进行调整，将CFG Scale调整到15，并勾选 Tile模型中的"更偏向提示词"，让AI更多地参考提示词，如图18.91所示。

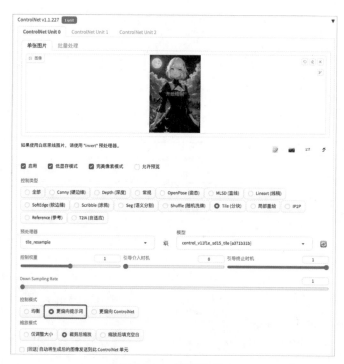

图 18.91　参数配置

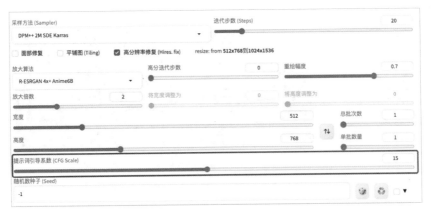

图 18.91 参数配置（续）

18.6 多 ControlNet 组合使用

在本节中，我们将重点介绍多 ControlNet 组合使用的技巧和方法，包括线稿与 Depth 的结合、线稿与 Seg 的结合，以及与 Shuffle 的使用。我们将详细讲解如何利用 Depth 来增强图像的层次感和立体感及如何利用线稿与 Seg 来加强图像的细节和表现力。同时，我们还会介绍如何使用 Reference 与 Shuffle 的组合获得更多的创作可能性和灵感。通过学习本节内容，读者可以掌握多 ControlNet 组合的技术要点，创作出更具创意的艺术作品。

18.6.1 线稿 + Depth 组合

这里的线稿是一个广义的概念，Canny、Lineart、Scribble、Mlsd、Softedge，它们都可以和 Depth 进行组合使用。

这里尝试将 Lineart 与 Depth 进行组合。

绘图使用模型：toonyou_beta3。

正向提示词：杰作，（最佳质量：1.3），城堡，湖泊，五颜六色的日落。

生成图片效果如图 18.92 所示。

图 18.92　Lineart 与 Depth 组合

详细参数配置如图 18.93 所示。

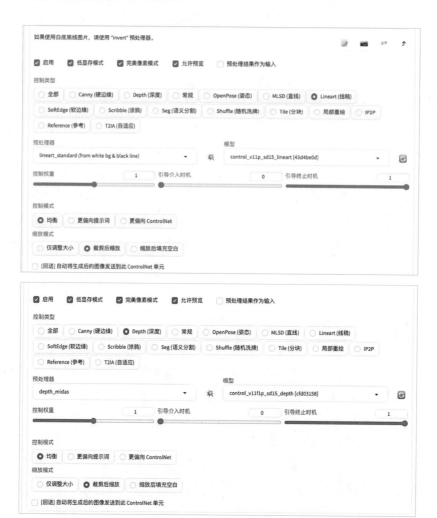

图 18.93　参数配置

18.6.2 线稿+Seg组合

正向提示词：杰作，（最佳质量：1.3），城堡，湖泊，晚霞。

生成图片效果如图18.94所示。

图18.94 线稿+Seg组合

详细参数配置如图18.95所示。

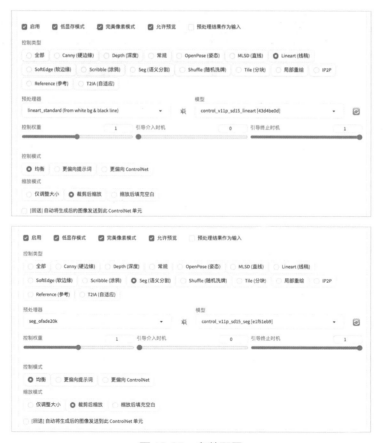

图18.95 参数配置

修改语义色块可实现自定义绘图，根据Seg检测的色块表调整绘画内容。
建议提示词尽量与Seg中的描述保持一致。

正向提示词：杰作，（最佳质量：1.3），城堡，草地，山，晚霞。
生成图片效果如图18.96所示。

图18.96　自定义Seg生成效果

Seg色块参考（部分）如图18.97所示。

Idx	Ratio	Train	Val	Stuff	r_Code (R,	Color_Code(hex)	Color	Name	中文名
10	0.0183	2423	225	1	(4, 250, 7)	#04FA07		grass	草
26	0.006	667	69	1	255, 9, 224	#FF09E0		house	房屋
17	0.0109	1691	160	1	43, 255, 14	#8FFF8C		mountain;mour	山;山
73	0.0012	369	36	0	(0, 82, 255)	#0052FF		palm;palm tree	棕榈树

图18.97　Seg色块

此时ControlNet需要启用两个配置，分别Lineart和Seg，参数配置如图18.98
所示。

图18.98　参数配置

控制类型

○ 全部　○ Canny (硬边缘)　○ Depth (深度)　○ 常规　○ OpenPose (姿态)　○ MLSD (直线)　○ Lineart (线稿)

○ SoftEdge (软边缘)　○ Scribble (涂鸦)　● Seg (语义分割)　○ Shuffle (随机洗牌)　○ Tile (分块)　○ 局部重绘　○ IP2P

○ Reference (参考)　○ T2IA (自适应)

预处理器

模型

control_v11p_sd15_seg [e1f51eb9]

控制权重　　　　　　　　　　1　　引导介入时机　　　　　　　　　　0　　引导终止时机　　　　　　　　　　1

控制模式

● 均衡　○ 更偏向提示词　○ 更偏向 ControlNet

缩放模式

○ 仅调整大小　● 裁剪后缩放　○ 缩放后填充空白

□ [回送] 自动将生成后的图像发送到此 ControlNet 单元

图 18.98　参数配置（续）

18.6.3　Reference+Shuffle

下面我们采用reference_only+Shuffle组合，进行风格迁移。

Reference 的权重在0.5～0.7为佳，以给予 AI 更大的创作空间。

Shuffle 是 ControlNet 模型用于重构图像的一种方法，通过将上传的图像融化、压缩（重新构建）并分析图像的内容，生成与其相似的图像。

正向提示词：（杰作，顶级品质，最佳品质，官方艺术，唯美：1.2），（女孩），极丰富的细节，（分形艺术：1.3），丰富多彩。

生成图片效果如图18.99所示。

原图　　　　　　　　新图

图 18.99　Reference+Shuffle 组合

18.6.4 线稿+Reference

线稿+Reference能画出相似风格的图片，如图18.100所示。

正向提示词：（杰作，最佳质量，单独：1.3，女孩：1.2），街头女孩，白色短上衣，浅蓝色裙子，贴颈项链，彩色头发。

参考图　　　　　　　　　　线稿　　　　　　　　　　新图

图18.100　线稿+Reference组合效果图

参数配置如图18.101所示。

图18.101　参数配置

此时ControlNet需要启动两个窗口，分别是lineart_realistic和reference_only，参数配置如图18.102所示。

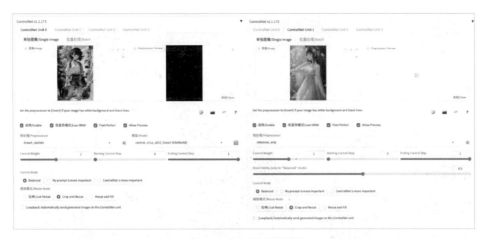

图 18.102　参数配置

下面我们更换参考图，保持提示词不变，可以看见绘制出来的图像画风、配色都有很大的变化，如图 18.103 所示。

图 18.103　更换参考图

更多案例如图 18.104 所示，左图为参考图，右图为生成的新图。

图18.104　更多案例

18.7 插件集合

在本节中，我们将介绍超好用的插件，包括Face Editor、Asymmetric Tiling 和Image Browser。其中，Face Editor插件能够进行人脸编辑和美化，Asymmetric Tiling插件能够创建独特而富有艺术感的不对称平铺效果，Image Browser插件可以更高效地管理和浏览大量图像文件。充分利用这些插件，可以有效提升创作效率和作品的艺术表现力。

18.7.1 Face Editor

在GitHub下载Face Editor插件，将其下载到stable-diffusion-webui/extensions 目录，按提示进行操作即可。其使用前后对比如图18.105所示。

图18.105 脸部优化效果对比

它的原理是基于图像处理和计算机视觉技术，通过对脸进行分析和局部重绘操作来实现编辑，参数配置如图18.106所示。

图18.106　Face Editor插件参数配置

Face Editor的参数说明如表18.4所示。

图18.4　Face Editor参数说明

分类	参数名称	子选项名称	说明
基础参数	Use minimal area (for close faces)		使用最小面积（用于近距离的脸）
	prompt for face		脸部提示词
	Affected areas		作用区域（脸部，头发，帽子，脖子）
	Mask size		遮罩的尺寸，需配合局部重绘功能，0为局部重绘的实际遮罩尺寸，数值越大遮罩边缘越大
	Mask blur		遮罩边缘的模糊程度（0～64），如开启局部重绘，可适当添加

分类	参数名称	子选项名称	说明
高级参数	Face Detection	Maximum number of faces to detect	检测人脸数量的最大值
		Face detection confidence	人脸检测置信度，多人脸可适当调小（0.7～1.0）
	Crop and Resize the Faces	Face margin	面部边缘的大小
		Size of the face when recreating	重建脸部时的尺寸，一般选择默认值
	Recreate the Faces	Denoising strength for face images	人脸图像去噪强度，值太小无法修复崩坏，值太大很难与整体融合
	Paste the Faces	Apply inside mask only	仅修改遮罩内的区域，即尽量不修改脸部以外的内容（建议勾选）
	Blend the entire image	Denoising strength for the entire image	整幅图像的去噪强度，如边缘突出，可适当增加默认值（0～1.0）

图18.107和图18.108是使用Face Editor前后的对比图，我们可以看到使用Face Editor处理后的图，脸部细节会精细很多。

正向提示词：（最佳品质，杰作），一组站在街头的女孩，白色的衣服，概念艺术，详细的脸和身体。

图18.107　不使用Face Editor效果

图18.108　使用Face Editor后效果

Face Editor的参数设置选择默认即可，如图18.109所示。

图18.109　Face Editor参数配置

18.7.2　Asymmetric Tiling

这个插件主要用来画无缝贴图和全景图，可以将你要画的任意图像进行无缝拼接，支持X轴或Y轴无缝图像平铺。

Asymmetric Tiling安装方法同Face Editor。

1. 无缝贴图

由于Stable Diffusion绘制的无缝贴图效果一般，我们用Midjourney先绘制一个比较好看的贴图，然后到Stable Diffusion里面进行重绘，如图18.110所示。

提示词：高精细，长镜头，草原，草地图块，《沉默的海妖》游戏风格，无缝艺术，阳光明媚的日子，俯视图，超高清 --ar 2048∶1024 --tile --s 750。

图18.110　Midjourney生成无缝贴图

使用Stable Diffusion画无缝贴图的时候，必须把Tile X和Tile Y都勾选，这样上下左右都是无缝的，才可以用于贴图，如图18.111所示。

图18.111　Stable Diffusion无缝贴图设置

下面的案例使用的模型是dreamshaper_4BakedVae。

正向提示词：超细节，长镜头，平坦，光滑的草瓷砖，《沉默的海妖》游戏风格，无缝艺术，阳光明媚的日子，俯视图。

参数配置如图18.112所示。

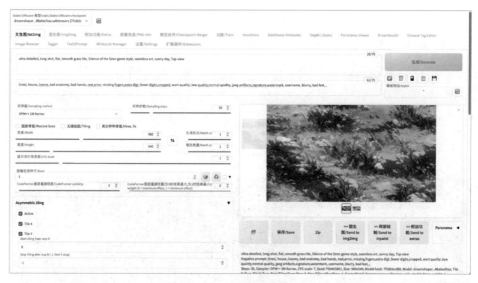

图18.112　参数配置

ControlNet参数配置中"预处理"选择reference_only，如图18.113所示。

图18.113　ControlNet参数配置

2. 全景图

全景图又被称为3D实景，是指将拍摄的水平方向360度、垂直方向180度的多张照片拼接成一张全景图像。

要想绘制全景图，你需要先下载LoRA。LoRA是专门用于绘制全景图的，将其模型下载到models/Lora目录，其下载界面如图18.114所示。

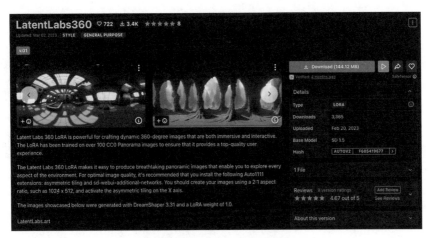

图18.114　LoRA下载界面

正向提示词：逼真的现代客厅，背景清新明快，（沙发：0.8），矮桌子，（书架：0.7），窗外的樱花，非常美丽的风景，最好的质量，杰作，超高分辨率，在晨光下，细节照明，蓝天，(((照片)))，(((逼真)))，广角镜头。<lora:EQP_project:1>。

提示词中的EQP_project就是前面下载下来的LoRA插件。

生成图片效果如图18.115所示。

图18.115　生成图效果

参数配置如下，重点是要勾选"Asymmetric tiling"中的Active和Tilex X选项，如图18.116所示。

图18.116　参数配置

18.7.3　Image Browser

这个插件主要是用于浏览绘画历史中的图片，并保存曾经使用过的提示词及其他参数配置，如图18.117所示。Image Browser安装方法同Face Editor。

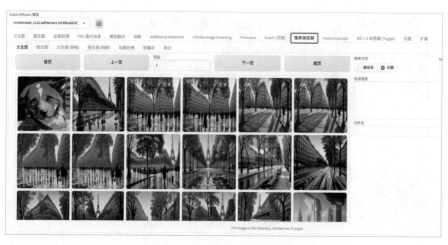

图18.117　绘图历史浏览界面

你可以使用搜索功能来查找你的作品，然后单击作品来查看和复制提示词，如图18.118所示。

图18.118　查看作品及提示词

(18.8) 图生图

图生图实际上是在文生图的基础上再加上参考图作为一个输入变量，和文生图中的一些参数，如正负提示词、模型、LoRA等一起作为输入变量，生成最后的结果。

图生图界面跟文生图差不多，区别就是多了一些图像处理工具，如涂鸦、局部重绘等。图生图提示词界面和参数配置界面如图18.119和18.120所示。

图18.119　图生图提示词界面

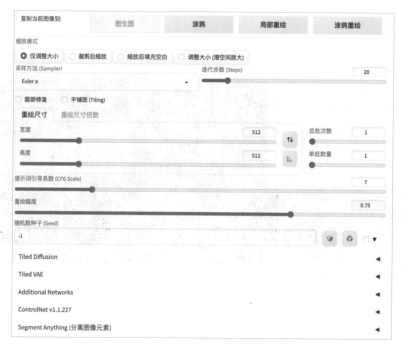

图18.120 图生图参数配置界面

18.8.1 降噪强度

降噪强度是图生图中最重要的参数。这里我们先准备一张狗狗图片，不输入任何正负提示词，看下降噪强度对图片的影响。不同降噪强度值生成的图片效果对比如图18.121所示。

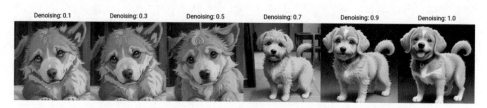

图18.121 不同降噪强度效果对比

降噪强度值越大表示对原图的降噪幅度越大。一些放大类插件或脚本的降噪幅度不能设置得太大，否则会生成非常奇怪的结果。因此，一般将降噪强度设置为0.75，以获得更好的效果。

AI绘画基础与商业实战

18.8.2 缩放模式

缩放模式是用来调整生成图像大小的参数，它提供了4种模式可供选择。

拉伸：简单地拉伸图像以适应目标尺寸，可能导致图像变形。

裁剪：裁剪图像以适应目标尺寸，可能会裁剪掉部分图像内容。

填充：在目标尺寸内放置原图，可能会在周围添加空白区域。

拉伸（放大潜变量）：先通过拉伸潜在变量来适应目标尺寸，然后生成图像。

这些模式用于调整图像的大小和形状，以满足特定需求。在不同模式下，图像的效果会有所不同。各模式效果对比如图18.122所示。

图 18.122　不同缩放模式效果对比

18.8.3 涂鸦重绘

涂鸦重绘可以重新绘制图像上被涂鸦的部分。例如，给衣服换个颜色。注意，如果正向提示词中有和衣服颜色相关的内容可以先将其去掉，以避免对结果产生影响。

正向提示词：逼真的年轻女孩的照片，衬衫，牛仔裤，完美的脸，概念艺术，详细的脸和身体，获奖摄影，边距，详细的脸，背光，12K，超现实，光线追踪，强烈的凝视，看着观众，电影照明。

不同重绘幅度下效果对比如图18.123所示。

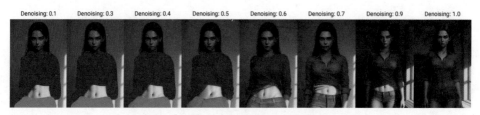

图18.123 不同重绘幅度下效果对比

18.8.4 局部重绘

局部重绘没有颜色信息，仅仅针对蒙版部分或非蒙版部分继续绘制（可通过选项控制），如图18.124所示。

下面使用局部重绘功能重绘图18.123中女孩的上衣换颜色，如图18.125所示。

图18.124 局部重绘

原图　　　　　　　　局部重绘

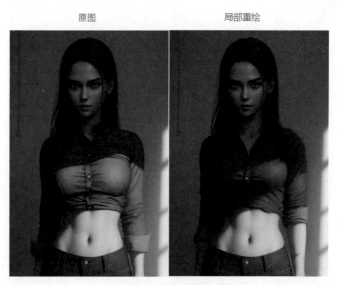

图18.125 局部重绘效果

除了换上衣的颜色，还可以增加其他细节，比如在头上添加一朵白色的花，如图18.126所示。

图 18.126　局部重绘添加花朵

18.8.5　局部重绘（手涂蒙版）

局部重绘（手涂蒙版）相当于绘图和局部重绘的结合，即同时保留颜色信息和蒙版信息。

绘图是将颜色信息带入然后重绘整张图，通常需要将所有的正负提示词带入。而局部重绘只重绘被遮住的部分，不会重绘整张图，同时可以书写不一样的提示词。局部重绘（手涂蒙版）效果如图 18.127 所示。

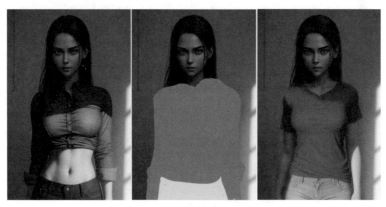

图 18.127　局部重绘（手涂蒙版）效果

这里我们将提示词中颜色类的词改成和涂鸦颜色一致，局部绘图提示词和参数配置如图18.128、图18.129所示。

图18.128　提示词设置

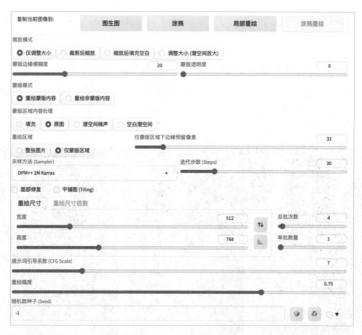

图18.129　参数配置

第19章

8款Midjourney的平替
AI绘画平台介绍

本章我们将介绍8款Midjourney的平替平台，其中有的免费，有的收费。这些平台来自不同的国家，由不同的团队设计，采用的图像生成方法也不尽相同，但其核心使用技巧大同小异。

19.1 DALL·E

19.1.1 DALL·E是什么？

本书第一章已有介绍，DALL·E可以根据自然语言的描述创建逼真的图像和艺术作品，目前已更新至第三代，即DALL·E 3。DALL·E官网首页如图19.1所示。

图19.1 DALL·E官网首页

DALL·E3不仅省去了烦琐的提示词工程，还显著提升了语言理解能力。现在，即使是对于微妙的语义差异和细节描述。也能准确理解并呈现出令人惊叹的绘画作品。对于画面，DALL·E3提供精确到细节的生成效果。我们不妨输入相同的提示词来比较一下DALL·E3和DALL·E2的效果：一幅描绘篮球运动员扣篮的油画，伴以爆炸的星云。如图19.2所示，左边这张是DALL·E2生成的，而右边则是DALL·E3生成的。从细节、清晰度和明亮度等方面来看，DALL·E3显然更加出色。

图19.2　DALL·E2与DALL·E3生图效果对比

19.1.2　DALL·E3的特性

DALL·E3一个最大的特点是能够使用自然语言描述来生成高质量的图像，而无须使用提示词。现有的文生图模型或工具，几乎都需要用户学习各种风格、描述、参数、光效、背景、艺术、细节等提示词，才可能生成不错的图像，门槛之高足以劝退很大一部分人。

19.1.3　DALL·E3优缺点

DALL·E3的优缺点如表19.1所示。

表19.1　DALL·E 3的优缺点

优点	缺点
准确而逼真的视觉翻译	价格较贵
放大图像的画布	效果暂时还不如Midjourney
将文字与图在一个界面生成	

 19.2 Leonardo.Ai

19.2.1　Leonardo.Ai是什么?

Leonardo是一个AI绘画新秀,是一个AI绘图社区,同时也是一个AI绘图在线生成平台。作为Midjourney和Stable Diffusion的中间产品,受到广大用户的欢迎。其官网首页如图19.3所示。

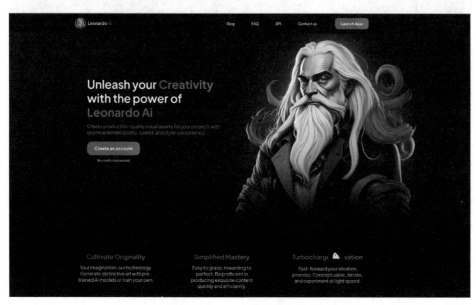

图 19.3　Leonardo官网首页

Leonardo是基于Stable Diffusion模型所搭建的网页服务，同时深度集成了Stable Diffusion的各种插件，比如ControlNet的姿势参考、局部重绘、提示词等，甚至还提供了"傻瓜"式在线训练自己模型的功能。

对Stable Diffusion了解比较多的人可能会知道Stable Diffusion模型分享社区——"C站"，Leonardo更像是C站和Stable Diffusion的集合体。

19.2.2　产品价格

Leonardo采用代币制，每个用户每天会自动获得150个代币，渲染一张图大概需要消耗3～8个代币，可以满足用户的基本需求。如果有专业要求，可以考虑单击如图19.4所示的升级按钮付费升级。

Leonardo升级的套餐资费如图19.5所示。

图19.4　付费升级

图19.5　Leonardo套餐资费

其中，最低的付费套餐每月花费10美元、获得8500个代币，如果平均每组图（1组4张）消耗4代币，那么可以生成2125张图，远比Midjourney便宜。

AI绘画基础与商业实战

19.2.3　Leonardo优缺点

Leonardo优缺点如表19.2所示。

表19.2　Leonardo的优缺点

优点	缺点
每个用户每天可自动获得150个代币	创作难度高于Midjourney，且效果略差
国内可无障碍使用	模型没有Stable Diffusion多
专注于游戏资产的生成与创作，擅长制作角色画像	
用户可以训练自己的视觉模型	

19.3　Bing Image Creator

19.3.1　Bing Image Creator是什么？

Bing Image Creator于2023年3月21日推出，这是微软继Bing AI 聊天（2023年更名为Copilot）后在AIGC领域取得的最新成果，其官网首页如图19.6所示。

图19.6　Bing Image Creator官网首页

Copilot使用OpenAI的ChatGPT-4模型来支持其响应，但是Bing Image Creator使用的是OpenAI另一个强大的AI模型DALL·E。用户只需要输入文字描述即可创建对应的图像。

微软正在将DALL·E的AI图像创建模型直接集成到Copilot中。这意味着，通过Copilot，用户将能够要求AI直接创建独特的图像。目前，Microsoft Edge是唯一集成AI图像生成工具的浏览器。

19.3.2 Bing Image Creator优缺点

Bing Image Creator的优缺点如表19.3所示。

表19.3 Bing Image Creator优缺点

优点	缺点
免费	定制选项有限
由DALL·E提供技术支持	图像生成质量比Midjourney低
与Copilot整合在一起	国内访问受限

19.4 Adobe Firefly

19.4.1 什么是Adobe Firefly?

Adobe Firefly目前只有测试版，它是Adobe公司推出的一个AI图像生成器。其官网首页如图19.7所示。

图 19.7　Adobe Firefly 主页

Adobe Firefly 类似 Midjourney 或 Dall·E，可以根据文本提示生成图像。

Adobe Firefly 与其他 AI 生图工具不同的是，它将被整合到 Adobe 的应用程序中，如 Photoshop 和 Illustrator，使用起来非常方便。

试想一下，如果你仅仅需要使用这些 AI 工具就能立即将你脑海中的想法呈现出来，而不必从头开始设计，那么你可以节省多少时间？

19.4.2　Adobe Firefly 有什么功能？

Adobe Firefly 能够帮助用户生成各种形式的艺术作品，如图 19.8 所示。

图 19.8　Adobe Firefly 功能展示

图19.8　Adobe Firefly功能展示（续）

Adobe Firefly有一个叫作Text Effects（文本效果）的新的附加工具。使用Text Effects，用户可以轻松为社交媒体贴子、海报、传单等内容创建具有独特吸引力的文本效果。这是其他AI绘画所没有的。

Adobe Firefly还有一些其他新功能，比如允许用户更改视频的天气、情绪和气氛，并调整视频的颜色和其他设置。

19.4.3　Adobe Firefly的优缺点

Adobe Firefly的优缺点如表19.4所示。

表19.4　Adobe Firefly优缺点

优点	缺点
是一款独立的Web应用程序	目前依然处于测试阶段
目前是免费的	经常不稳定，网页易崩溃
	国内访问有限制

19.5　BlueWillow

19.5.1　什么是BlueWillow？

BlueWillow是一款免费的AI图像生成工具，它基于深度学习算法和人工神经网络技术，并且使用了Stable Diffusion的开源模型。其官网首页如图19.9所示。

图19.9　BlueWillow官网首页

BlueWillow可以选择多种不同的艺术风格进行转换，如梵·高、毕加索甚至是动漫风格等。用户可以上传自己的图片，进行风格选择和调整，生成自己的艺术作品。

BlueWillow被认为是Midjourney的免费替代方案，如果你觉得Midjourney价格较贵不想付费，那么你可以试试BlueWillow，它不仅完全免费，不限制绘画数量，而且出图速度很快，并且质量也非常接近Midjourney。

BlueWillow通过免费使用和依靠用户捐赠运行的模式，在Discord服务器上已经积累了超过3亿的用户。

使用BlueWillow生成的效果图如图19.10所示。

图19.10　BlueWillow生成效果图展示

图 19.10 BlueWillow 效果图展示（续）

19.5.2 BlueWillow 优缺点对比

BlueWillow 优缺点如表 19.5 所示。

表 19.5 BlueWillow 优缺点

优点	缺点
在生成人脸方面非常优秀	需要在 Discord 中使用
免费使用，没有限制	出图质量比 Midjourney 稍差
出图速度非常快	

NightCafe

19.6.1 什么是 NightCafe?

NightCafe 是于 2019 年 11 月上线的一个 AI 绘画工具,它能够利用 AI 和神经网格进行图片风格转换,创造出令人惊叹的画作。其官网首页如图 19.11 所示。

图 19.11 NightCafe 官网首页

19.6.2 NightCafe 如何工作?

NightCafe 平台提供了两种生图方式供用户选择:一种是 NightCafe 上最初的神经式传输方法,用户必须先输入一张照片,然后选择一个"风格"图像供 AI 复制;另一种方法是文本到图像艺术生成器,该方法包含两个尖端的开源机器学习平台,采用 VQGAN(一种可以生成图像的生成对抗神经网络)和 CLIP 来评估图像与提示的匹配程度。

19.6.3 NightCafe优缺点

NightCafe优缺点如表19.6所示。

表19.6 NightCafe优缺点

优点	缺点
免费使用	有多种使用限制
可在Android和iOS上使用	生图效果不如Midjourney
擅长创作大气的古风作品	

19.7 Lexica

19.7.1 Lexica简介

Lexica是一个专注于Stable Diffusion模型的提示词搜索引擎，可以根据图片本身的关联性或提示词搜索图片。Lexica会根据提示词的特征做分词搜索，并附有每张图片的种子、指导尺寸和分辨率。其官网首页如图19.12所示。

图19.12 Lexica官网首页

Lexica拥有数百万Stable Diffusion案例的文字描述和图片，可以为用户提供足够的创作灵感。其使用也很简单，用户只要在搜索框中输入简单的提示词或上传图片，就能获得大量风格不同的照片。单击照片就能看到完整的提示词，并复制提取。

19.7.2 Lexica优缺点

Lexica的主要功能是图像搜索，虽然可以生成图像，但可定制化功能太少，且可选模型不多，属于入门级别的AI绘画工具。Lexica的优缺点具体如表19.7所示。

表19.7 Lexica优缺点

优点	缺点
易于使用	只有两个模型可用
每月可免费生成100张图片	

19.8 Playground

19.8.1 Playground简介

Playground是一款非常简单易用、适合零基础用户使用的AI绘画工具。它提供了海量的素材和模型，让用户可以轻松画出高质量的创意作品，无须任何专业技能和相关背景知识。

Playground可以接受简单的手绘描线作为输入，然后快速生成高品质的作品。同时它还支持多种语言、操作系统和绘画风格，以满足用户的各类需求。

Playground支持在线使用Stable Diffusion、DALL·E2模型，也可浏览生成的图片。在功能操作界面，集成了两种模型所有的功能，无须本地部署和代码操作。目前使用完全免费，其界面展示如图19.13、图19.14所示。

图 19.13　Playground 主页 1

图 19.14　Playground 主页 2

19.8.2　Playground 优缺点

虽然 AI 绘画工具可以降低创作门槛，以让更多人可以轻松创作出精美的画作，但各种模型安装和操作仍然有一定的难度，比如调参、找提示词、付费等问题。Playground 直观的界面和简单的操作可以让用户轻松上手。Playground 的优缺点如表 19.8 所示。

表 19.8　Playground 优缺点

优点	缺点
每天免费生成 1000 张图片	免费用户每次只能生成 1 张图片
可用 Stable Diffusion 和 DALL·E 模型	对免费用户有很多限制
生图速度相当快	

AI 绘画的未来发展

第20章

国内AI大模型的绘画应用

在本章中，我们将深入探讨国内AI大模型在绘画领域的应用。随着AI技术的快速发展，越来越多的国内企业开始研发和应用AI大模型，以满足各种行业的需求。

20.1 国内AI大模型盘点

从2023年8月31日起，国内首批通过《生成式人工智能服务管理暂行办法》备案的8个AI大模型正式向公众开放。

百度旗下的文心一言，是百度在AI领域深度布局的又一见证；字节跳动的云雀大模型展示了社交媒体在技术创新上的决心；百川智能的百川大模型也展示了其在AI领域的技术实力；北京智谱华章科技有限公司推出智谱清言大模型；国内科研领域的"国家队"中国科学院携紫东太初大模型也加入了这场盛宴。

商汤科技的商量SenseChat大模型、MiniMax的ABAB大模型和上海人工智能实验室的"书生"通用大模型是企业、创新机构和学术界在这一领域的重要研究成果。除此之外，华为和腾讯的加入无疑为这场AI大模型的竞赛增添了更多看点。

2023年9月科大讯飞的讯飞星火大模型向公众开放，阿里巴巴也积极参与其中，上线通义千问。

下面是国内通过备案和正在备案的12家具有代表性的AI大模型介绍，如表20.1所示。

表20.1 12家AI大模型

序号	名字	公司
1	文心一言	百度
2	讯飞星火	科大讯飞
3	豆包	字节跳动
4	百川	百川智能

绘画基础与商业实战

序号	名字	公司
5	智谱清言	北京智谱华章科技有限公司
6	紫东太初	中国科学院
7	商量SenseChat	商汤科技
8	书生	上海人工智能实验室
9	盘古	华为
10	混元	腾讯
11	ABAB	MiniMax
12	通义千问	阿里巴巴

国内大模型中，百度的文心一言和科大讯飞的讯飞星火相对成熟，代表了目前中国在AI技术方面的最新成果。

(20.2) 文心一言和文心一格大模型

百度的文心一言是ChatGPT火爆全球之后国内推出的第一个较受认可的大模型。它是一个功能强大的文生文和文生图工具，支持文本分类、情感分析、命名实体识别等多项任务，已经在众多企业和机构中得到广泛应用，并在多次比赛中脱颖而出，展现出极高的性能和应用价值。

2023年10月，百度发布迭代更新的文心大模型4.0，实现了基础模型的全面升级，在理解、生成、逻辑和记忆能力上都有显著提升，综合能力与ChatGPT-4相比毫不逊色。这使得文心一言在处理复杂自然语言任务时，能够更加准确地理解用户意图，生成更加符合需求的文本和图像。

文心一格是依托飞桨、文心大模型的技术创新推出的AI艺术和创意辅助平台，可以帮助用户进行艺术作品创作。文心一格不仅可以为用户直接生成画作，还可以根据用户的个性化需求进行定制化创作。

下面是使用文心一格绘画模型生成的画作，如图20.1所示。

提示词：18岁的美少女，双马尾，正视观众，夕阳光。

图20.1 使用文心一格绘画模型生成的作品

讯飞星火大模型

讯飞星火采用"1+N"架构，其中"1"是通用认知智能大模型算法研发及高效训练底座平台，"N"是应用于教育、医疗、人机交互、办公、翻译、工业等多个行业领域的专用大模型版本。讯飞星火认知大模型围绕知识问答、代码编程、数理推算、创意联想、语言翻译等实用场景，通过海量文本、代码和知识学习，可实现基于自然对话方式的用户需求理解与任务执行。2023年10月科大讯飞发布了迭代更新的讯飞星火认知大模型3.0，并实现了文本生成、语言理解、知识问答等七大能力的持续提升。目前，讯飞星火已在很多企业和研究机构中得到了广泛应用，并取得了显著的成果。

下面是使用讯飞星火文生图模型生成的画作，如图20.2所示。

提示词：18岁的美少女，双马尾，正视观众，夕阳光。

图20.2　使用讯飞星火绘画模型生成的作品

(20.4) 豆包AI工具

豆包是字节跳动基于云雀模型开发的AI工具，提供聊天机器人、写作助手及英语学习助手等功能，可以通过对话回答各种问题，帮助人们获取信息。

在聊天机器人方面，豆包能够与用户进行自然对话，回答各种问题，提供实时的信息查询服务。在写作方面，豆包可以根据用户的需求，提供写作建议和修改意见，帮助用户提高写作水平。在英语学习方面，豆包可以为用户提供英语学习资料，帮助用户提高英语水平。

随着豆包的不断完善和优化，它将在更多领域发挥优势，为用户提供更加便捷、高效的AI服务。在未来，豆包有望成为字节跳动在AI领域的重要产品，为用户带来更多的便利和价值。使用豆包文生图模型生成的画作如图20.3所示。

提示词：18岁的美少女，双马尾，正视观众，夕阳光。

图20.3　使用豆包绘画模型生成的作品

通过以上示例，我们可以看到在给定相同指令的情况下，文心一格、讯飞星火和豆包创作出了相似但略有差异的绘画作品。这表明本书所教的AI绘画知识具有通用性，同样适用于其他国内绘画模型。

此外，我们也应认识到AI绘画工具虽然能够生成类似真实绘画作品的效果，但它们仍然是基于已有数据和模式生成，并不能完全取代艺术家的创作能力和审美价值。

其他一些未公开发布的国产大模型有的已经推出测试版，有的依然处于研发阶段，并逐渐进入实验环节。这些大模型的研发将进一步推动中国AI技术的发展，开拓更多的应用场景和商业机会。它们的出现，预示着中国AI技术将迎来更加广阔的市场前景。